高等职业教育
校企合作特色教材

制药设备与技术

胡　颖　沈　珺　主编
李小东　主审

ZHIYAO SHEBEI YU JISHU

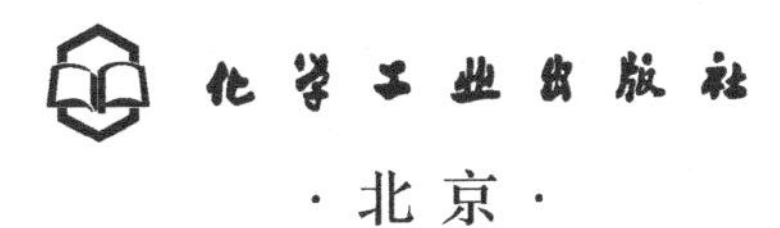

·北京·

内容简介

本教材分为5个模块和11个项目，内容包括GMP与设备管理、公用工程系统介绍、固体制剂生产设备、液体制剂和无菌制剂生产设备、综合实训与考核等。教材编写围绕“岗课赛证”融通，通过校企合作，以工作岗位职责为主线，优化原有课程体系；对接职业技能大赛和“1+X”证书相关要求，设计学习任务和实训考核；通过引入思政导言，在满足学生理论学习和职业能力提升的基础上，体现课程思政；增加双语任务拓展，满足学有余力学生的学习需要。

本教材适合高职高专药学类、食品药品类、生物化工类等专业教学使用，也可作为从事药物制剂生产、管理、质检、新药研发岗位等技术人员的参考书。

图书在版编目（CIP）数据

制药设备与技术/胡颖，沈珺主编. —北京：化学工业出版社，2021.11（2024.11重印）
ISBN 978-7-122-39902-1

Ⅰ.①制… Ⅱ.①胡… ②沈… Ⅲ.①制药工业-化工设备②制药工业-生产工艺 Ⅳ.①TQ460.3②TQ460.6

中国版本图书馆CIP数据核字（2021）第183471号

责任编辑：蔡洪伟　旷英姿　　文字编辑：丁　宁　陈小滔
责任校对：刘　颖　　装帧设计：王晓宇

出版发行：化学工业出版社（北京市东城区青年湖南街13号　邮政编码100011）
印　　装：涿州市般润文化传播有限公司
787mm×1092mm　1/16　印张13½　字数314千字　　2024年11月北京第1版第2次印刷

购书咨询：010-64518888　　售后服务：010-64518899
网　　址：http://www.cip.com.cn
凡购买本书，如有缺损质量问题，本社销售中心负责调换。

定　　价：58.00元

编审人员名单

主　编　胡　颖　沈　珺

副主编　牛　森　王　咏

主　审　李小东

编审人员（以姓氏笔画为序）

王　咏　江苏医药职业学院

牛　森　徐州医药高等职业学校

李小东　苏州中化药品工业有限公司

杨　税　苏州卫生职业技术学院

沈　珺　苏州卫生职业技术学院

张　燕　苏州卫生职业技术学院

胡　颖　苏州卫生职业技术学院

钱一忖　贝朗医疗(苏州)有限公司

前言

PREFACE

《制药设备与技术》是在《药剂学》的基础上，让学生掌握正确使用和维护保养制药企业常用设备的能力。通过任务引领型的项目活动，介绍常用制药设备的工作原理、性能用途、操作方法、维护保养，使学生对各类制剂的生产工艺有一个全面了解，能够承担现场生产、设备维护管理等工作任务。同时通过课程的思政导言培养学生诚实、守信、善于沟通和团队合作的品质，为发展职业能力奠定良好的基础。

我国的制药工业发展迅速，制药设备更新换代比较快，教师的知识结构和传统教材往往跟不上行业发展，造成学生校内学习与顶岗实习的知识脱节。为推进“三教改革”，开发和编写反映新知识、新技术、新工艺、新方法，具有职业教育特色的优质教改教材，结合课程教学实际，特组织专业教师和企业专家编写了本教材。

参与编写的专业教师都来自江苏省示范性高职院校，并具有丰富的药品生产企业实践经验，为了适应行业发展趋势，还特别邀请企业专家共同设计教材体例和编写教材内容，教材分为5个模块和11个项目，项目设计以药学及相关专业的就业方向为线索来进行。通过校企合作，产教深度融合，服务地方经济，满足企业用人需求。

《制药设备与技术》的总体设计思路是：采用项目和任务的编制方式，打破以知识传授为主要特征的传统学科课程模式，以“必需、够用”为原则，以工作任务为中心对教材内容进行优化整合和知识重组，让学生在掌握每一个岗位职责的基础上了解不同制剂的生产工艺和工作要点，构建相关理论知识，发展职业能力。教材内容突出对学生职业能力的训练，理论知识的选取紧紧围绕工作任务完成的需要来进行，同时又充分考虑了高等职业教育对理论知识学习的需要，并融合了相关职业资格证书对知识、技能和态度的要求。本教材的创新点和亮点是设计了“思政导言”元素，并引入企业常用进口制药设备的英文说明书，拓展学生的知识面，引导学生成为能自觉更新知识的终生学习者，弥补了现有教材的空白。

本教材在编写过程中，来自全国十余所院校的老师和经验丰富的行业专家对本书提出了许多宝贵的意见，在此表示真挚感谢。特别感谢江苏省徐州医药高等职业学校的金瑾、陈晨两位老师参与实训视频拍摄的演示和指导。由于时间仓促，水平有限，教材中难免存在不足，恳请行业专家和广大师生能够提出批评与改正意见，以便我们今后进一步的修订和完善。

编　者

2021年8月

目录
CONTENTS

二维码资源目录

GMP与设备管理

本章节的教学目标是使学生初步建立GMP意识，能够胜任药品生产管理、质量控制、质量保证及产品放行、储存、发运过程中的质量管理工作，特别是培养学生具备强烈的药品质量全面控制的理念。药品质量的优劣直接影响到药品的安全性与有效性，梳理GMP的特点和工作任务，说明药品质量管理工作对保障药品安全有效的重要作用。增强学生对所学专业的职业认同感，了解自己对未来所从事职业的优势和不足，从而明确目标和奋斗方向；特别强调相关专业学生在掌握GMP法规条款的同时，必须强化药品质量理念，并针对新闻中出现的各种药品质量安全问题与学生进行讨论。领悟良好的职业道德对国家、企业、个人发展的重要性。

思政导言

药品生产是一项十分复杂的技术工作。在药品的生产过程中要涉及许多技术细节、管理规范及药政管理问题，其中任何一个环节的疏漏，都可能导致生产的药品不符合质量要求。因此，必须在药品生产全过程中进行全面质量管理。GMP就是根据全面质量管理思想，运用推行全面质量管理所形成的方法、措施、制度、标准加以规范化，从而对药品生产过程中影响药品质量的主要因素作出最低要求的一系列规定。教学中，除了要教会学生理解和领会国家法定的GMP基本要求和准则外，还要教会学生在今后的工作中，懂得“遵法、守法、护法”，认真贯彻和实施GMP，把GMP的全面质量管理意识融入整个药学职业生涯。

知识要求

1. 掌握GMP对于制药设备的基本要求。

2. 熟悉GMP三要素之间的关系，制药制备的分类，设备管理的相关知识，设备管理操作准则。

3. 了解GMP的由来、发展现状、类型、特点，GMP的意义和原则。

能力要求

1. 能根据GMP要求进行药品生产企业厂房和车间设计。

2. 能根据相关制度和标准操作规程，参与对药品生产设备的全方位管理。

项目一 GMP概述

药品生产是一个复杂而严格的过程，也是影响和决定药品质量的关键环节，需要完善和严谨的质量管理体系来支撑。原卫生部颁布的《药品生产质量管理规范》（Good Manufacturing Practice, GMP）作为药品生产管理和质量控制的基本要求，是质量管理体系的一部分，也为药品生产企业建立自身的质量管理体系提供了指导依据。GMP是一把标尺，既可以规范药品生产和质量管理，同时也可以衡量药品生产企业的技术水平，更是药学类专业学生必须掌握的专业知识。

任务一 了解GMP基本知识

GMP是英文Good Manufacturing Practice的缩写，即“良好的作业规范”或“优良的生产规范”。它是一种特别注重制造过程中产品质量与卫生安全的自主性管理制度，是一套适用于制药、食品等行业的强制性标准，要求企业从物料、人员、设施设备、生产过程、包装运输、质量控制等方面按照国家有关法规达到卫生质量要求，形成一套可操作的作业规范。

一、GMP的产生与发展

（一）药害催生GMP

1. 1935年至1937年美国“二硝基酚”事件回顾

1933年，减肥药“二硝基酚”在美国上市销售，1935～1937年，消费者服用“二硝基酚”减肥引起白内障、骨髓抑制，死亡人数多达177人。

2. 1935年至1937年美国“磺胺酏剂”事件回顾

1935年，德国生物学家格哈特•多马克发现磺胺在体内具有抑菌作用，1937年6月，美国一药师为方便小儿服用，以二甘醇代替乙醇作溶剂将磺胺配制成色香味俱全的口服液体制剂，称为“磺胺酏剂”，用于治疗感染性疾病，将该产品投产上市。至同年10月，美国南部地区发现大量服用该产品的患者出现肾衰竭，共发现358名病人，死亡107人，其中多为儿童。原因是二甘醇在体内被氧化成草酸所致。

3. 1955年日本“氯碘喹啉”事件回顾

1955年，治疗阿米巴痢疾的药物“氯碘喹啉”在日本上市，用于治疗肠炎，该药严重损伤脊髓和视神经系统，导致78965人发生脊髓–视神经炎症，其中1万多人瘫痪、失明，500多人死亡。

4. 1956年至1962年“反应停”（沙利度胺）事件回顾

1956年，联邦德国格仑南苏制药厂生产了一种用于治疗和减轻孕妇妊娠反应的镇静药，商品名为“反应停”，通用名为“沙利度胺”，英文名为“Thalidomide”，上市后在28个国家销售。临床应用期间发现此药导致胎儿畸形，多达14000余例，患儿出现先天性心脏和胃肠道畸形，无肢、短肢或手直接连在躯体上，肢体畸形，肢间有蹼，类似海豹的肢体，故称“海豹肢体畸形”，“反应停”受害者见图1-1。

图1-1 “反应停”受害者

（二）GMP的发展与推广

1963年，世界上第一部GMP在美国颁布诞生。

1963年美国《联邦食品药品化妆品法案》对在美国上市销售的药品作出具体安全、有效、监控和质量要求，即：

① 要求制药企业证明该上市药品是有效的；

② 要求制药企业证明该上市药品是安全的；

③ 要求制药企业向美国食品药品监督管理局（以下简称FDA）报告该上市药品的不良反应；

④ 要求制药企业实施药品生产质量管理规范。

1972年，美国政府规定：外国厂商以及在美国境内的药品生产厂商销售上市药品必须向FDA注册，药品生产企业生产的药品必须符合美国的GMP要求。

1976年，FDA又对GMP进行了修订，并作为美国法律予以推行实施；1979年，美国GMP修订本增加了包括验证在内的一些新概念与要求。目前美国实施的现行cGMP，体现了美国药品生产质量管理的最新水平。

（三）我国GMP发展历程

1982年，中国医药工业公司制定《药品生产管理规范（试行稿）》。

1985年，国家医药管理局修订并颁布了《药品生产管理规范》。

1988年，根据《药品管理法》，国家卫生部颁布了我国第一部《药品生产质量管理规范（1988年版）》。

1992年，国家卫生部对《药品生产质量管理规范（1988年版）》进行了修订。

1999年6月，国家药品监督管理局颁布了《药品生产质量管理规范（1998年版）》。

2011年2月，卫生部颁布实施《药品生产质量管理规范（2010年修订）》，后期又陆续发布了12个附录。我国的GMP国际化倾向更加明显，逐步向国际先进水平靠拢。

二、GMP的类型

目前，世界上现行GMP的类型，大体可分为国际组织的GMP、各国政府颁布的GMP和行业组织的GMP三种。

（一）国际组织的GMP

有关国际组织规定的GMP一般原则性较强、内容较为概括，一般无法强制性实施。

（1）WHO的GMP；

（2）PIC/S的GMP：药品监察协定（Pharmaceutical Inspection Convention，PIC）和药品监察合作计划（Pharmaceutical Inspection Cooperation Scheme，PIC Scheme）；

（3）欧盟的GMP。

（二）各国政府的GMP

各国政府发布的GMP一般原则性较强，内容较为具体，有法定强制性。

（1）美国FDA的cGMP；

（2）英国的GMP；

（3）日本的GMP；

（4）中国的GMP。

（三）行业组织的GMP

制药行业组织制定的GMP一般指导性较强，内容较为具体，无法定强制性。

如英国制药联合会制定的GMP、瑞典制药工业协会制定的GMP等。

三、GMP的内容和特点

（一）GMP的主要内容

GMP总体内容包括机构与人员、厂房与设施、设备、物料与产品、确认与验证、文件、生产管理、质量控制与质量保证、委托生产与委托检验、产品发运与召回、自检等涉及药品生产的方方面面，强调通过生产过程管理保证生产出优质药品。

（二）GMP的特点

1.原则性

GMP条款仅指明了质量或质量管理所要达到的目标，而没有列出达到这些目标的办法。达到GMP要求的方法和手段是多样化的，企业有自主性、选择性，不同的药品生产企业可根据自身产品或产品工艺特点等情况选择最适宜的方法或途径来满足GMP标准。

2.基础性

GMP是保证药品生产质量的最低标准。也就是说对于药品生产与质量管理而言，GMP是最基础的标准，不是最高、最好标准，更不是高不可攀的标准。任何一国的GMP都不可能把只能由少数药品生产企业做得到的一种生产与质量管理标准作为全行业的强制性要求。任何一国或地区在确定本国或地区的GMP的水平时，都会把GMP本身所要求的水平与本国或地区制药行业实际生产力水平相匹配。

3.一致性

各个国家、组织或地区的GMP有一个最重要的特征，就是在结构与内容的布局上基本一致。比如，各类药品GMP都是从药品生产与质量管理所涉及的硬件（如厂房设施、仪器设备、物料与产品等）、所涉及的软件（如制度与程序、规程与记录等）、人员（如人员的学历、经验与资历等）、现场（如生产管理、质量管理、验证管理等）进行规定的，都基本分为人员与组织、厂房与设施、仪器与设备、物料与产品、文件管理、验证管理、生产管理、质量管理等主要章节。各类药品GMP都是强调对这些元素或过程实施全面、全过程、全员的质量管理，防止污染和差错的发生，保证生产出优质药品。

4.多样性

尽管各类GMP在结构、基本原则或基本内容上一致或基本相同。但同样的标准要求，在所要求的细节方面，有时呈现多样性，有时这样的多样性还会有很大差别。比如，各国GMP中都对生产车间的管道铺设提出了一定要求，这主要是为了防止污染，保持室内洁净。管道是否要暗设，对于药品生产企业来说，从厂房设计、管道走向设计以及随之展开的工艺布局，情况可以说是大相径庭。再比如，一般药品生产企业要求绿化，有的甚至规定绿化的面积比例，来保证厂区空气质量，达到减少污染的要求，而在北非一些国家就没有要求。各国的GMP条款中也表现出了一定差异和各自特色，使各国GMP得以相互借鉴，相互促进和提高。

5.时效性和地域性

药品GMP条款是具有时效性的，因为GMP条款只能根据该国、该地区现有一般药品生产水平来制定，随着医药科技和经济贸易的发展，GMP条款需要定期或不定期补充、修订。这和制定药品标准类似，对目前有法定效力或约束力或有效性的GMP，称为现行GMP，新版GMP颁布生效后，旧版的GMP即废止。

所谓地域性，就是一般而言，一个国家（地区）在一个特定的时期，有一个版本的GMP，只有通过这个版本的GMP认证，药品质量才能得到这个国家（地区）有关政府部门的认可，才能在这个国家（地区）进行销售使用。但是，有的国家却可以通行多个不同版本的GMP，比如有的国家既认可本国的GMP，也认可WHO的GMP、美国的GMP、欧盟的GMP等。

任务二　学习GMP的要素、意义与原则

一、GMP的要素

GMP的要素主要包括：人员、硬件、软件，构成药品生产质量体系。

（1）人员　人员是关键。药品生产企业从设立企业和建立管理模式，到确立机构与人员的职能和职责的质量管理体系，建立药品生产全过程的管理体系，制定规程和标准，以及设计、安装、调试、原料的准备、工艺过程的控制与完成，都是通过人员实现的，因此人员是关键要素。

（2）硬件　硬件是基础。良好的生产环节、完善先进的厂房设施、精良的设备和仪器、优良的原料是生产优质药品的基础，许多采用先进工艺、高新技术或新型原辅料生产的药品还须使用先进的设施设备，制药工业的发展促进了制药机械的更新换代，硬件系统是企业实力在GMP检查或认证时能凸显的部分。

（3）软件　软件是保障。软件是药品生产企业机构与人员的职能与职责、工艺、标准、程序、过程控制要求和结果的记录。完善使用的管理系统是药品生产质量的保障，GMP要求的药品生产质量管理系统与ISO要求的国际标准化管理系统有异曲同工之处。

二、GMP的意义

（1）有利于企业提高质量管理水平　药品生产企业实施GMP，就是构建企业质量体系，进行前瞻性的以预防为主的风险管理，确保生产出合格的药品，对提高整体质量管理水平有着积极的作用。

（2）有利于标准化管理　药品生产企业推行GMP，全过程运用标准化模式管理，有利于生产过程遵循统一的规范标准。

（3）有利于药品生产质量管理与国际规范接轨　我国现行的GMP基本框架与内容采用欧盟GMP文本，与美国cGMP相近，因此GMP的实施，对我国制药企业的质量管理体系与产品质量为国际所认可，起着非常重要的作用。

（4）有利于提高产品的竞争能力　药品质量依赖于企业的技术能力和管理水平，日常工作中严格实施GMP，就是获得企业良好信誉和高质量产品的一个佐证，是企业形象的重要标志。

（5）有利于保护消费者的利益　推行GMP是医药企业保障人民用药安全的体现，企业肩负着重大的社会责任。

三、GMP的原则

药品生产企业为规范药品生产行为，正确贯彻实施GMP，应遵循“全员、全过程、全方位”的精神以及下列原则。

（1）药品生产企业必须有足够的、资历合格的、与生产的药品相适应的技术人员承担药品生产和质量管理，并清楚地了解自己的职责。

（2）操作者应进行培训，以便正确地按照规程操作。

（3）应保证产品采用批准的生产工艺进行生产和批准的质量标准进行控制。

（4）应按批生产任务来下达书面的生产指令，不能以生产计划安排来替代批生产指令。

（5）所有生产加工应按批准的工艺规程进行，根据要求进行系统的检查,并证明能够按照质量要求和其规格标准生产药品。

（6）确保生产厂房、环境、生产设备、卫生符合要求。

（7）符合规定要求的物料、包装容器和标签。

（8）合适的贮存和运输设备。

（9）全生产过程严密且有效的控制和管理。

（10）应对生产加工的关键步骤和加工产生的重要变化进行验证。

（11）合格的质量检验人员、设备和实验室。

（12）生产中使用手工或记录仪进行生产记录，以证明已完成的所有生产步骤是按确定的规程和指令要求进行的，产品达到预期的数量和质量，任何出现的偏差都应记录和调查。

（13）将产品的贮存和销售中影响质量的风险应降至最低限度。

（14）建立由销售和供应渠道召回任何一批产品的有效系统。

（15）了解市售产品的用户意见，调查质量问题的原因，提出处理措施和防止再发生的预防措施。

（16）对一个新的生产过程、生产工艺及设备和物料进行验证，通过系统的验证以证明是否可以达到预期的结果。

任务实施　洁净区人员净化

【学习情境描述】

按照制药企业的洁净区人员净化要求，按照人员进出洁净区净化操作规程进行人员净化。

【学习目标】

1. 通过理论学习掌握人员进出洁净区的流程和标准操作。

2. 在教师的指导下，利用仿真实训软件，完成人员进出洁净区净化标准操作。

【获取信息】

引导问题1：以下压差是否符合规定？为什么？

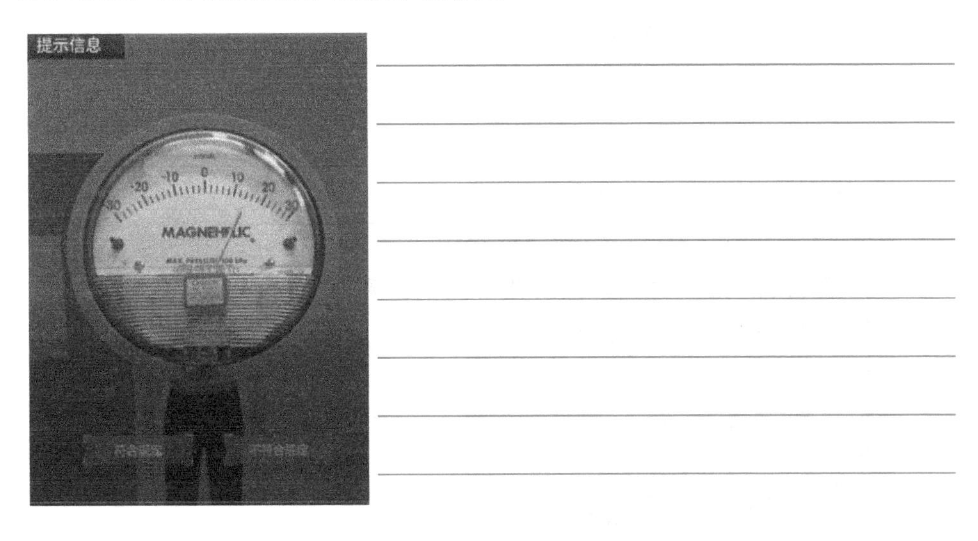

引导问题2：以下是人员在进行哪一步操作？有什么注意事项？

引导问题3：以下哪些物品不符合GMP车间的穿戴守则？

引导问题4：请问以下洗手液状态是否符合要求?

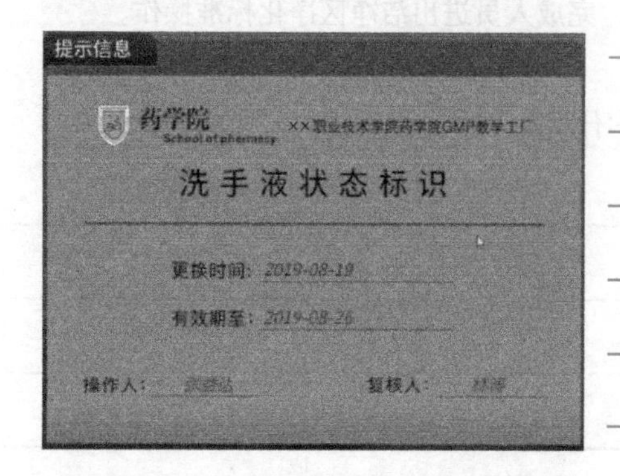

引导问题5：请问七步洗手法的顺序用七字口诀简称为什么?

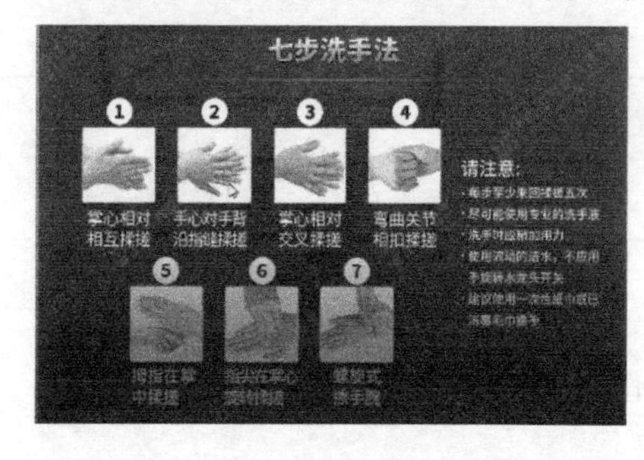

引导问题6：洗手之后应该进行什么操作?操作要点是什么?

引导问题7：穿洁净服之前应该进行什么操作?

引导问题8：穿洁净服的顺序和注意事项分别是什么？

引导问题9：穿洁净服后进入生产区域前，手消毒需要检查和注意什么？

【任务评价】

洁净区人员净化评价表

考核任务	考核要点	自评得分	互评得分	最终得分	备注
检查静压差	不低于10Pa				
换鞋	转身180°				
更衣	不能化妆、佩戴首饰、戴手表、披发、带手机				
检查洗手液标识	处于有效期内				
洗手	七步洗手法（内、外、夹、弓、大、立、腕）				
烘手	表面及指缝内无凝结水				
脱过渡服	过渡服置于指定位置				
检查洁净服标识	洁净程度符合要求，处于有效期内				
更换洁净服	穿戴顺序符合要求				
检查消毒剂	处于有效期内				

课堂
笔记

项目二 设备管理

设备各阶段的管理工作，是决定一个企业生存的重大因素。企业的生产规模、产品质量、生产成本、交货期、安全、环保、工人的劳动情绪无不受设备的影响。随着GMP与国际相应规范的接轨，制药企业面临着更大的机遇和挑战，对各相关部门的管理提出了更高的要求。

任务一 了解制药设备基本知识

随着临床用药的需要以及合理用药，给药途径扩大，促进了药物剂型的发展，对工业化生产的机械化与自动化的要求越来越高。因此，在研究药品生产过程时不应该将每一个药品生产过程视为一种特殊的或独有的知识加以研究，而应该进行系统化、结构化学习，并且要学会研究药品生产过程中典型的制药单元操作的基本原理及设备维护，并探讨这些单元操作过程的强化途径。

一、课程内容与任务

（一）课程内容

制药设备使用与维护是以药剂学、工程学、制药工艺学、机器使用与维护以及生产设备使用的标准操作规程等融合的一门生产实践应用课程，其主要研究内容是制药常用设备的型号、使用以及标准操作和维护，从而实现药品规范化生产，确保药品的质量。

（二）主要任务

主要任务是研究制剂生产中单元操作的原理、设备的结构、操作和维护以及每个操作单元的标准操作规程，培养学生分析和解决问题的能力，其主要内容如下。

(1) 空气输送设备的使用与维护：主要包括鼓风机、通风机和真空泵等。

(2) 制水设备的使用与维护：主要包括塔式蒸馏水器、气压式蒸馏水器、多效蒸馏水器等。

(3) 反应设备的使用与维护：主要包括机械反应搅拌器、发酵设备等。

(4) 散剂生产设备的使用与维护：主要包括干燥设备、粉碎设备、过筛设备、混合设备等。

(5) 颗粒剂生产设备的使用与维护：主要包括湿法制粒设备、干法制粒设备等。

(6) 胶囊剂生产设备的使用与维护：主要包括硬胶囊剂生产设备、软胶囊剂生产设备等。

(7) 片剂生产设备的使用与维护：主要包括压片设备、包衣设备等。

(8) 无菌制剂生产设备的使用与维护：主要包括水针剂生产设备、输液剂生产设备、粉针剂生产设备等。

(9) 包装设备的使用与维护：主要包括固体制剂包装设备、液体制剂包装设备等。

通过对常见制药设备的使用与维护，学生可以掌握典型制剂生产设备的基本原理、结构、操作、类型以及设备维护，了解药物制剂的设备和标准操作，并能在实践中加以应用。

药品的药效是药物本身所具有的，但是药品的质量是制造出来的，生产的过程决定了药品质量，是保证药品质量最关键和最复杂的环节。因此，研究单元操作和药物制剂的生产过程的规律性，以及组织研制开发、过程放大、设计和选用机械设备，确定操作过程和工艺，从而保证药品质量，提高经济效益具有重要的意义。

二、设备分类及产品型号

药物制剂生产的过程主要包括原辅料的粉碎、筛分、混合、有效成分的提取与纯化、干燥、制粒、胶囊充填、压片、包衣、制丸等单元操作，以及其他制剂的均化、配制、过滤、洗瓶、干燥、灭菌、灌封和包装等单元操作，每个单元操作都需要一系列特定的制药机械设备来完成。

（一）设备分类

制药设备按照国家标准GB/T15692—2008可分为8类。其分类名称及代号如下。

(1) 原料药机械及设备（Y） 利用生物、化学物质转化，利用动物、植物、矿物制取医药原料的工艺设备。

(2) 制剂机械及设备（Z） 将药物制成各种剂型的设备。

(3) 药用粉碎机械（F） 用于药物粉碎（含研磨）并符合药品生产要求的设备。

(4) 饮片机械（P） 对天然药用动物、植物、矿物进行选、洗、润、切、烘、炒、锻等方法制取中药饮片的设备。

(5) 制药用水、气（汽）设备（S） 采用各种方法制取制药用水的设备。

(6) 药品包装机械（B） 完成药品包装过程以及与包装过程相关的设备。

(7) 药物检测设备（J）检测各种药物制品或半制品质量的仪器与设备。

(8) 其他制药机械及设备（Q） 辅助制药生产设备用的其他设备。

制剂机械及设备（Z）的分类名称及代码如下。

(1) 水针剂设备（A） 将灭菌或待灭菌的药液灌封于安瓿等容器内，制成注射针剂的设备。

(2) 西林瓶和水针剂设备（K） 将无菌生物制剂药液或粉末灌封于西林瓶内，制成注射针剂的设备。

(3) 大输液剂设备（S） 将无菌或待灭菌药液灌封于输液容器内，制成大剂量注射剂的设备。

(4) 硬胶囊剂设备（N） 将药物充填于空心胶囊内的制剂设备。

(5) 软胶囊剂设备（R） 将药液包裹于明胶膜内的制剂设备。

(6) 丸剂设备（W） 将药物细粉或浸膏与赋形剂混合，制成丸剂的设备。

(7) 软膏剂设备（G） 将药物与基质混匀，配成软膏，定量灌装于软管内的制剂设备。

(8) 栓剂设备（U） 将药物与基质混合，制成栓剂的设备。

(9) 口服液剂设备（Y） 将药液灌封于口服液瓶内的制剂设备。

(10) 药膜剂设备（M） 将药物溶解于或分散于多聚物薄膜内的制剂设备。

(11) 气雾剂设备（Q） 将药物和抛射剂灌注于耐压容器中，使药物以雾状喷出的制剂设备。

（12）滴眼剂设备（D） 将无菌药液灌封于容器内，制成滴眼药液的设备。

（13）糖浆剂设备（T） 将药物与糖浆混合后制成口服糖浆剂的设备。

（14）压片设备（P） 将中西原料药与辅料经混合、制粒、压片、包衣等工序制成各种形状的片剂设备。

（15）包衣设备（B） 将压制片表面涂包适宜的包衣材料的设备。

（16）制粒设备（L） 将药物与辅料经加工制成具有一定形状和大小的颗粒设备。

（17）混合设备（H） 将两种或两种以上组分均匀混合的设备。

（二）产品型号

《制药机械产品型号编制方法》是一项行业标准，此标准的制定是为了加强制药设备的生产管理、产品销售、设备选型等。制药设备产品型号由主型号和辅助型号组成。主型号有制药机械制药设备分类名称代号、产品型式代号、产品功能及特征代号，辅助型号有主要参数，改进设计顺序号，其格式为：Ⅰ、Ⅱ、Ⅲ、Ⅳ、Ⅴ型+设备名称。

Ⅰ为制药设备分类名称代号（8类）；Ⅱ为产品型式代号，以设备工作原理、用途及结构型式分类，如旋转压片机代号为ZP；Ⅲ为产品功能及特征代号，用有代表性汉字的第一个拼音字母表示，用于区别同一种类型产品的不同型式，由1~2个符号组成，当只有一种型式时，此项可省略。如异形旋转压片机代号为ZPY。Ⅳ为主要参数；制药设备产品的主要参数有机器规格、包装尺寸、容积、生产能力、适应规格等，一般用数字表示，如表示2个以上参数时，用斜线隔开；Ⅴ为改进设计顺序号，用A、B、C……表示，第一次设计的产品不编顺序号。格式如图1-1所示。

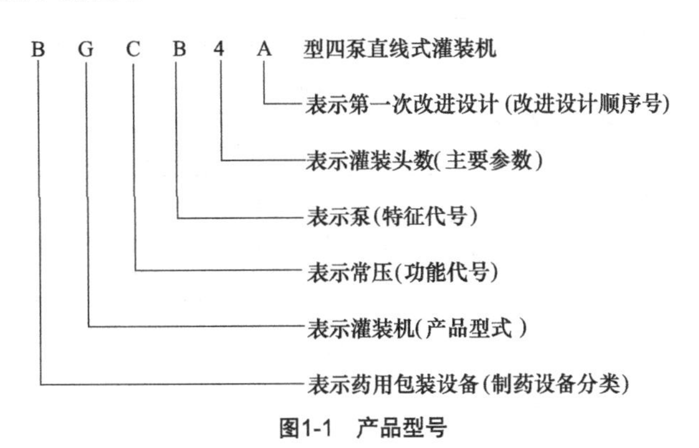

图1-1 产品型号

三、制药人员的岗位职责

（一）岗位职责要求

为从事药物制剂生产岗位工作奠定良好的基础，学生不仅要具备药物制剂工作岗位必备的基本知识、基本技能和职业素养，还应达到以下目标。

（1）明确相应的国家相关法规、行业标准、企业制度。

（2）明确设备的用途、标准的操作规程和正确的维护。

（3）明白常用制药设备的基本结构和工作原理。

（4）学会主要设备的使用和保养的基本知识。

（5）具有良好的职业道德、科学的工作态度和严谨的专业学风。

（二）岗位职责举例

制药企业根据不同剂型按照工艺的不同对不同的制药人员制定了不同的岗位职责，比如：配制工序岗位、灯检工序岗位、包装工序岗位、灭菌岗位等，如表2-1。

表2-1　制药企业各岗位工作职责

工序	任务	责任
配制工序岗位	领料时要严格执行领料、退料标准操作规程	对领入车间原料的质量负责，无检验报告单不得使用
	配制用罐、容器具、管道、滤器的清洁，按标准操作规程操作	用纯化水或注射用水冲洗后保证检测洗涤水的pH、电导率合格
	注射用水管道及贮罐的蒸汽消毒，按注射用水管道清洁消毒规程处理	保证车间蒸汽消毒后的注射用水管道及贮罐符合工艺要求
	投料时要严格执行工艺规程，不得擅自更改	投料时要做到二人复核并签字
	按不良品回收标准操作规程回收不良品	保证回收药液质量，不得对药液造成污染
	按领料、退料标准操作规程进行退料并及时封口、贴上退料单	对所退原辅料的质量、数量检查核对，并进行物料平衡
	认真做好各项记录	确保记录及时、准确、清晰、可读、可追溯
灯检工序岗位	剔除不良品，并将不同类型的不良品详细记录	保证灯检合格品的质量，降低错、漏查率
	工序负责人及时按规定抽检	对灯检产品质量漏检、错检情况负责
	灯检合格品，不良品及待检品放在规定区域，并有状态标示牌	避免合格品、不良品混淆
	灯检结束，工序负责人统计不良品数，合格品数及灯检总数，计算灯检合格品率	保证累计数及灯检合格率准确无误
	灯检完毕，及时清场	避免混药、混批，取得质量监督员核发的清场合格证
包装工序岗位	将灯检合格品贴签、焊环、包膜、装箱、入库	保证打号清晰、端正，批号日期及有效期准确并要与实物一致，箱数量要准确、无误，焊环和包膜过程中要认真审核标签批号及有效期
	标签要专人管理并上锁	避免标签混用、错用
	工序负责人按规定抽检，保证封箱后的质量	保证每个纸箱及标签的批号完整、准确，装箱数量准确，印字清晰，外观合格
灭菌岗位	将灌装后的药液按工艺规定进行灭菌	保证灭菌温度、时间、压力、F_0值符合规定，设备清洁完好
	状态标识清楚，每个灭菌锅单独存放	保证产品的每个批号的状态标识清晰
	灭菌后要进行数据统计	保证破、漏、变形的药及时剔除
	按规定进行清场	清场合格，并取得质量监督员核发的清场合格证
	记录及时、准确、完整	对记录的原始性负责

任务二　了解设备管理主要内容

设备管理是指设备的论证调研、选型购置、开箱验收、安装调试、润滑、备品备件、维护保养等方面的管理。

一、设备管理概述

（一）设备管理的内容

设备管理是指对企业所有的各类设备，包括生产工艺设备，辅助设备、设施等进行技术管理和经济管理。产品质量在很大程度上取决于机器设备的正常运转。设备是达产的关键，设备管理工作会直接影响公司的经济效益。如果设备管理做得好，机器设备得到正确合理使用，就能不断地提高劳动效率，延长机器设备修理周期和使用寿命，从而降低设备的折旧费、维修费以及生产成本。

（二）设备管理的目的

设备管理在于建立设备管理组织机构、职责制度，规范设备设施的选型购置、安装调试、使用维护、维修改造、变更及报废的全过程，确保设备在整个生命周期内均处于受控状态，最大限度地避免产品在生产过程中产生交叉污染、混淆和差错的情况。

(1) 设备管理是企业生产经营管理的基础工作，现代企业依靠机器和机器体系进行生产，生产中各个环节和工序严格地衔接、配合。

(2) 设备管理是企业产品质量的保证，产品质量是企业的生命、竞争的支柱。

(3) 设备管理是提高企业经济效益的重要途径，企业要想获得良好的经济效益，必须适应市场需要。

(4) 设备管理是搞好安全生产和保护环境的前提，设备管理不善是发生设备事故和人身伤害的重要原因，也是排放有害气体、液体、粉尘，污染环境的重要原因，消除事故、净化环境，为人类生存、企业发展谋求长远利益。

(5) 设备管理是企业长远发展的重要条件，科学管理设备是推动经济发展的主要动力。

（三）设备管理的方针

(1) 以效益为中心，坚持依靠科学技术，促进生产效率的提高。

(2) 设备维护保养以预防为主。

（四）设备管理的原则

遵循将设计制造与使用、维护与检修、修理改造与更新、专业管理与群众管理、技术管理与经济管理相结合的五个基本原则。

(1) 坚持安全第一、预防为主，确保设备安全可靠运行。

(2) 坚持设计、制造与使用相结合，维护与计划检修相结合，修理、改造与更新相结合。

(3) 坚持可持续发展，努力保护环境和节能降耗。

(4) 坚持依靠技术进步、科技创新作为发展动力，推广应用现代设备管理理念和自然科学技术成果，实现管理科学、规范、高效、经济。

（五）设备管理的任务

设备管理的主要任务是管理好、使用好和维修好设备，使生产设备始终处于最佳状态。设备管理的对象包括直接和间接生产的所有仪器设备、工艺设备和管道、动力设备、机修设备、起重运输设备、仪器仪表、工业建筑和设备技术基础等。加强对设备的日常维护保养、预防性检查和修理。对引进的“高、大、精、稀”设备，则应尽快掌握其操作和维修技术。

通过对设备进行综合管理，做到全面规划、合理配置、择优选购、正确使用、精心维护、适时改造更新，不断改善设备的不足和提高检修水平，以达到寿命周期费用最经济，设备综合效能最高的目标。

（六）设备管理的方法

(1) 按照技术先进、安全可靠、经济合理的原则选购设备。

(2) 合理使用、精心维护，保证机器设备始终处于最优的状态。

(3) 重视并做好设备的节能和改造。

(4) 掌握设备维修技术，及时做好设备的维护保养与修理工作。

(5) 做好设备的资产管理，落实计量器具、压力容器等受检设备的检定，健全设备档案，做到随时可查，查有依据（账物卡相符、记录、图纸、证明、说明、合同、影像、转移状态等）。

二、设备管理操作准则

设备操作人员在设备管理工作中应遵循“三好”“四会”要求和操作过程中“五项纪律”。

（一）“三好”要求

(1) 管理好设备：操作人员应负责管理好自己使用的设备，未经领导批准，不准其他人操作使用。

(2) 使用好设备：严格贯彻操作维护规程和工艺规程，不得超负荷使用设备，杜绝不文明的操作。

(3) 维修好设备：设备操作人员应配合维修人员修理设备，及时排除设备故障。

（二）“四会”要求

(1) 会使用：操作人员应懂得设备操作、维护规程，熟悉设备性能、原理、结构，执行技术要求，正确使用设备。

(2) 会维护：定期维护设备，掌握润滑规定，保持设备内外清洁、完好。

(3) 会检查：了解所用设备的结构、性能及易损零件部位，熟悉日常点检，掌握检查项目、标准和方法，并按规定要求进行日常点检。

(4) 会排除故障：熟悉所用设备特点，懂得拆装注意事项及鉴别设备正常与异常现象，会进行一般的调整和简单的故障排除，自己不能解决的问题要及时上报，并协同维修人员进行排除。

（三）“五项纪律”

(1) 实行定人定机，凭岗位操作证使用设备，遵守安全操作规程。

(2) 保持设备整洁（轴见光，沟见底，设备见本色），按规定加油，保证设备合理润滑。

(3) 遵守交班制度。

(4) 管理好工具、附件，不得遗失。

(5) 发现异常应立即停车检查，自己不能处理的问题应及时通知有关人员检查处理。

遵循“五项纪律”的意义：合理的人员操作可以保证设备正常运行，减少故障，防止事故发生。

任务三　制药设备的GMP管理

GMP对直接参与药品生产的制药设备作了指导性的规定，设备管理与药品生产有着密切的关系。GMP要求设备的管理要做到“操作有规程、运行有监控、过程有记录、事后有总结”。

一、现行GMP内容分布

我国现行版《药品生产质量管理规范（2010年修订）》，于2011年3月1日起实施，共分14章，313条款。各章节内容分布如表2-2。

表2-2 《药品生产质量管理规范（2010年修订）》各章节内容

章节	内容	条款	条款数
第一章	总则	第1条～第4条	4
第二章	质量管理	第5条～第15条	11
第三章	机构与人员	第16条～第37条	22
第四章	厂房与设施	第38条～第70条	33
第五章	设备	第71条～第101条	31
第六章	物料与产品	第102条～第137条	36
第七章	确认与验证	第138条～第149条	12
第八章	文件管理	第150条～第183条	34
第九章	生产管理	第184条～第216条	33
第十章	质量控制与质量保证	第217条～第277条	61
第十一章	委托生产与委托检验	第278条～第292条	15
第十二章	产品发运与召回	第293条～第305条	13
第十三章	自检	第306条～第309条	4
第十四章	附则	第310条～第313条	4

另有无菌药品、原料药、生物制品、血液制品及中药制剂等5个附录，作为该规范的配套文件同时实施。后又陆续发布了其他附录，目前共有附录12个。其中新版GMP附录《生物制品》修订后，于2020年7月1日正式生效。

现行GMP规范中关于厂房与设施、设备及设备的确认与验证的条款共计76条，占全部313条条款的近1/4，其中厂房与设施共33条，设备共31条，确认与验证共12条。另有规范附录中关于各剂型的设备、厂房、设施、验证共52条，如此多条款的规定，说明工程设备对于生产质量的重要性，这些条款既是认证工作的基础要素，也是大多企业被重点检查的方向。

二、GMP对设备、厂房和设施的要求

（一）对设备的要求

1. GMP要求

GMP对直接参与药品生产的制药设备作了指导性的规定。

第七十一条　设备的设计、选型、安装、改造和维护必须符合预定用途，应当尽可能降

低产生污染、交叉污染、混淆和差错的风险，便于操作、清洁、维护，以及必要时进行的消毒或灭菌。

第七十二条　应当建立设备使用、清洁、维护和维修的操作规程，并保存相应的操作记录。

第七十三条　应当建立并保存设备采购、安装、确认的文件和记录。

第七十四条　生产设备不得对药品质量产生任何不利影响。与药品直接接触的生产设备表面应当平整、光洁、易清洗或消毒、耐腐蚀，不得与药品发生化学反应、吸附药品或向药品中释放物质。

第七十七条　设备所用的润滑剂、冷却剂等不得对药品或容器造成污染，应当尽可能使用食用级或级别相当的润滑剂。

第七十九条　设备的维护和维修不得影响产品质量。

第九十一条　应当确保生产和检验使用的关键衡器、量具、仪表、记录和控制设备以及仪器经过校准，所得出的数据准确、可靠。

第九十七条　水处理设备及其输送系统的设计、安装、运行和维护应当确保制药用水达到设定的质量标准。水处理设备的运行不得超出其设计能力。

2.具体要求

(1) 设备的设计选型要求

① 选型要求应当美观、大方、适用。

② 材质要求耐热、耐寒、耐腐蚀、耐磨、耐震（304、316、316L不锈钢）。

③ 构造简单，拆卸方便。

④ 性能良好，精度高，参数易认。

⑤ 便于操作和维护。

⑥ 与药品直接接触的生产设备表面应平整、光洁、易清洗或消毒，不得与药品发生化学反应，吸附药品或向药品中释放有毒物质。

⑦ 设备应尽可能保持密闭生产状态，以将生产过程中产生的粉尘降到最低。

⑧ 设备用的润滑剂、冷却剂等不得对药品或容器造成污染，与药品直接接触的润滑部位应使用食用级润滑油，所有材料应提供材质证明报告。

⑨ 设备的安全装置应齐全，并有相应的检测系统和报警系统。

⑩ 设备的活动部分要有可靠的密封，以防交叉污染。

(2) 设备安装要求

① 设备安装应根据设备说明书和厂房设计进行安装，安装要便于操作、维护、清洁、设备的料斗尽量安在上风口。

② 所有连接部分应保证连接处过渡自然、圆滑、无死角、易清洗；有安全隐患的设备要做好安全防护措施。

③ 配电柜、按钮、动力过墙管等要做密封处理以防交叉污染。

④ 安装产尘设备，要做捕尘措施或加捕尘设备。

⑤ 设备的机体应安装在洁净区外或是与操作隔壁的房间，以防交叉污染。

⑥ 对产生噪声、震动大的设备，应分别采用消声、减震或隔离装置，改善操作环境。

⑦ 设备、管道的保温层表面必须平整、光滑、不得有颗粒性物质脱落，最好采用金属外壳保护。

⑧ 与药物接触的压缩空气及洗瓶、分装、过滤用的压缩空气应经除油、除水、净化处理，其洁净度与使用的工艺所在的洁净室级别相同。压缩空气一般现在使用无油型，只有采用水润滑才能达到真正的无油。

⑨ 生产注射剂时，不得使用可能释出纤维的滤材过滤装置，否则需另加非纤维释出性过滤装置。纯化水、注射用水的贮罐和输送所用管道的材料应无毒、耐腐蚀，其管道不应有不循环的静止角落，并规定清洗、灭菌周期。贮罐的通气口应安装不脱纤维的疏水性除菌呼吸器。U型下端不长于直径的三倍。

⑩ 需要日常检测的设备要合理地安装检测口和取样口，工艺管道要标明管道内容物和流向。

（二）对厂房和设施的要求

主要内容概况如下。

(1) 厂区和厂房的布局以及对环境的要求。

(2) 对生产厂房的洁净级别和洁净室（区）的要求。

(3) 对设施如空气净化系统等的要求。

三、制药设备管理的环节

制药设备管理是一个规划工程，要从GMP要求出发，将设备“一生”纳入综合管理范畴，深入到设备管理的各个环节，即设备资产管理，前期管理，使用、清洁与维护管理，润滑管理，故障管理等。

（一）设备资产管理

设备资产管理是系统的基本组成部分，对企业与设备维护工作相关的各项资源（设备档案、备件、配件、折旧、维修、保养、润滑、报废等）的设备资产全寿命周期、标准化管理。目前源于计算机化的设备资产管理和维护系统（Computerized Maintenance Management System，CMMS）可降低维护成本，合理安排维修周期，减少不必要的维修次数；提高设备管理部门有效工作时间；降低备件的库存，提高备件库存的准确率；减少设备停机时间；提高设备使用效率，延迟设备的生命周期。

（二）设备前期管理

设备前期管理是对设备从调研、规划、选型、筛选、合同订购、安装调试到投产的过程。用户需求标准（User Requirement Specification，URS）和设备验证验收是设备前期管理的核心内容。

1. URS

URS是使用方对设备、厂房、硬件设施系统等提出使用的要求标准，根据使用目的、环境、用途等提出自己的要求。

URS是设备供应商设计、制造设备的依据，良好的URS不仅考虑工艺要求，而且考虑与GMP的符合性及验证要求，它在设备前期管理环节起着重要作用。

2. 设备确认和验收

确认是证明设备能正确运行并可达到预期结果的一系列活动，检查证明设计要求或标准的符合性。设备选型的原则：技术上先进、经济上合理、生产上适用、方便维护、售后服务满意。

设备确认和验收包括：制药设备的工厂测试（Factory Acceptance Test，FAT）、现场测试（Site Acceptance Test, SAT）、四确认［设计确认（Design Qualification, DQ）、安装确认（Installation Qualification，IQ）、运行确认（Operational Qualification，OQ）、性能确认（Performance Qualification，PQ）］、验证状态维护，以确保制药生产设备能够满足药品生产的需求。

设备管理部门要做好验收验证管理工作，首先应明确法规对验证的要求，明确哪些是法规强制要求的GMP文件；其次明确URS、FAP、SAP和确认之间的关联与区别。URS、试运行文件（FAT、SAT）等对设备确认、验证起着重要的支持作用。

(1) 现场测试

① 开箱验收，检查外观包装情况。

② 按照装箱清单检查备品备件、工具、说明书及其他技术文件是否齐备。

③ 检查设备各部件、各零件、附件等有无锈蚀和破损。

④ 核对设备基础图和电气图与齐备的地脚螺钉孔、电源接线口的位置及有关参数是否相符。

⑤ 对不需安装的备品、附件、资料、工具等应妥善装箱保管，注意集中移交，防止丢失。

⑥ 保护好搬用及吊装装置，凡属未清洗过的滑动面严禁移动，以防损伤设备。

⑦ 做好详细的检查记录，对破损、锈蚀情况要拍照或做图示说明。

⑧ 设备就位安装要根据车间工艺平面布置图、设备安装图进行安装，在安装过程中注意设备、设施、人员的安全。

⑨ 设备试车验收：调试设备工程师要对整个设备调试的操作人员及维护人员集中培训。设备操作人员及维护人员在设备调试完毕后，起草相应的标准操作规程（Standard Operation Procedure，SOP）和维护保养SOP。设备试运转时一定要按照SOP草案进行试运转，如有不合适的应及时修改，便于以后操作和新员工学习。

(2) 四确认

① 设计确认：是在设计阶段确认设计与GMP和使用用途的符合性，一般针对定制系统进行。DQ应包含用户需求标准、设计标准、供应商评估等。

② 安装确认：是整体安装情况评价及按GMP要求，对校准、维护、证明和资料的检查。

③ 运行确认：是动态确认，证明设备能一致地、连续地符合用户要求的功能标准。

④ 性能确认：是通过文件证明在其设定的参数下进行生产时能够连续地、一致地达到预设定的标准。

(3) 验证状态维护

验证状态维护对于设备、工艺或系统始终处于“验证的”和“受控的”状态是非常关键的，也是GMP要求的。

验证状态的维护包括变更控制、回顾性验证、再验证。设备管理部门不但应定期对制药生产设备进行回顾性验证，而且还应在制药生产设备更新、重新启用、重大维修或技术改造后，都对该设备重新组织验证；在验证过程中应加强验证方案、验证内容的合理性、完善性工作，增强验证的准确性。

（三）设备使用、清洁与维护管理

包括设备使用准备、清洁、检查、维护，该环节保证正确操作运行设备、合理进行技术维护、充分发挥设备技术性能，延长设备使用寿命，确保设备经济效益最佳。

1.设备使用管理

在GMP实施中，一个显著特点是推行SOP管理，即：在药品生产过程中，任何与之相关的工作，都必须完全按照SOP进行。这样不但可提高工作效率，而且可避免人为原因造成工作失误，影响药品质量。在设备日常管理中推行SOP管理，规范工作方法和工人操作、维修方法，以便于跟踪管理和提高操作、维修技能。

制药设备使用中应加强预防性维护，注重日常维护保养，严格执行SOP管理。为更好地满足药品生产需要，减少生产过程中对人的依赖程度，确保药品质量稳定，提高生产效率和产品质量，应在条件许可的情况下，对设备进行技术改造，提高机电一体化水平，同时注重新技术、新设备的信息搜集和技术资料储备，结合企业生产实际，提高企业技术装备水平。

2.设备清洁管理

设备的清洁应按照清洁规程进行清洁；已清洁的设备应在清洁的环境下存放；设备要在清洁有效期内使用。

3.设备维护管理

通过擦拭、清扫、润滑、调整等一般方法对设备进行护理，以维护和保护设备性能和技术状况，称为设备维护保养。设备维护管理包括设备日常维护、定期维护、事先维护。

(1) 设备日常维护：设备、生产管理人员应要求操作人员按设备维护保养SOP执行并做好点检检查。听设备的运转声音是否正常；看设备的温度、压力、电器仪表、气压等指示是否正常；嗅设备在运转过程中有无异味；对易松动的部位紧固；测试安全保险装置是否正常。

(2) 设备定期维护：设备管理部门以计划形式下达执行，由操作、维修人员按设备维护保养SOP进行定期维护工作。包含点检，对不易紧固的部位紧固；检查齿轮箱的油位及油质，必要时更换，对设备的润滑部位全面润滑，清洗油路；检查或更换经常运动部件有无磨损，对设备的机械磨损间隙进行调整。定期检查是对设备全面检查，即电气系统、仪表、机械部分、安全报警装置。对于设备大、中修计划，设备管理部门应同生产计划部门协商，根据设备运行记录和设备状况，每年年初制定合理完善的年度设备大、中修计划，并根据维修计划提前做好设备备件购置和加工工作，确保设备大、中修计划顺利实施。

(3) 设备事先维护：即通过一定的技术手段，对设备各部位进行状态监测，提前发现设备故障的发生趋势，在设备故障还未发生时采取措施，排除故障隐患。目前，国内制药企业设备维修主要以事后维修为主，即维修工作在设备发生故障后才实施，其代价是轻则中断药品生产，重则药品返工或报废，严重影响药品质量。为满足GMP要求和科学技术的发展，逐步以事先维护替代事后维护已成为大势所趋。在实际设备管理中确定维护管理目标可首先选定对药品生产过程中关键设备、关键部位、联动生产线等进行状态监测，开展事先维护，并逐步推广到所有设备上。

(4) 设备维护管理的注意事项如下。

① 经改造或重大维修的设备应进行再确认，符合要求后方可生产。

② 主要生产设备和检验设备必须有明确的操作规程。

③ 设备维护和维修不得影响产品质量。

④ 岗位操作人员发现设备故障后，必须及时通知维修相关人员维修，做好相关记录及偏差报告。

⑤ 维修结束后，及时试车验收，验收合格后，及时填写记录。

⑥ 岗位人员若发现SOP有不切实际的应及时报告。

⑦ 维修人员必须进行相应的培训并具备相应的资格。

⑧ 维修人员必须严格按照维护保养程序进行维修，并及时填写维修记录。

⑨ 维修结束后，必须清理维修现场。

目前，传统的制药企业设备维护管理模式已明显不能适应当今的发展要求和竞争机制，应切实利用信息化技术，逐步建立起设备预防性维护体系。

（四）设备润滑管理

制药设备润滑可以控制摩擦，减少磨损，是设备管理的重要组成部分，也是生产管理的组成部分。在日常管理中应严格执行设备润滑SOP规定，做到“五定”（定点、定质、定量、定人、定时）和“三级过滤”。按时加油换油，不断油，无干磨现象，油压正常，油标明亮，油路畅通，油质符合要求。对于润滑剂的选择，设备及生产管理人员应根据设备技术文件规定及润滑部位，合理选择符合标准的润滑剂。

加强制药设备润滑管理，保证设备正常运转、节约能源、减少维修费用、延长设备使用寿命和减少药品污染是提高企业经济效益和保证药品质量的重要途径。

（五）设备故障管理

(1) 设备故障：分为设计故障、运行故障两类。

设计故障受设备制造者的水平、制造质量、技术水平的制约，是设备在设计、选材、制造、装配等方面的不当造成设备固有缺陷引起的故障，是设备前期管理所带来的故障。

运行故障则是由设备安装调试、运行操作、日常保养、维修检修以及自然磨损等因素造成的故障，是设备在运行管理中所带来的故障。首先设备管理人员应对此故障进行分类，如按发生故障部位、发生的原因、报警显示方式、性质、执行器、干扰等来分类。根据上述分类判断故障原因，进而确定维修人员，提高维修效率及减少企业经济损失。

(2) 设备维修：分为合同维修、自主维修及专业维修。

① 合同维修是设备在质保期的维修，厂家协同设备维修人员及主操进行的维修活动。

② 自主维修是设备使用部门自己维修。

③ 专业维修是请厂家或是其他专业人员维修。

(3) 技术改造和更新：技改就是根据生产需求对设备技术改造，更新就是更换设备或是更新设备的某些功能。

药品质量的最终形成通过生产来完成，因此，药品生产的质量保证很大程度上依赖于设备管理和设备系统的支持。如今，设备管理已趋向现代化，设备管理必须与GMP相适应已成必然，这对设备管理提出了更高的目标和要求，同时也带来了机遇和挑战。设备管理应采用现代化管理工具与技术手段，使设备管理动态化，在设备管理系统中，融入SOP管理，量化设备管理，用设备管理系统规范设备管理行为，以适应GMP要求，保证设备正常运转、节约能源、减少维修费用、延长设备使用寿命和减少药品污染，提高企业经济效益和社会效益。

模块评价

一、单项选择题

1. GMP的基础要素为（　　）。

A. 人员　　B. 硬件　　C. 软件　　D. 宗旨

2. GMP的保障要素为（　　）。

A. 人员　　B. 硬件　　C. 软件　　D. 宗旨

3. 最早实施GMP的国家为（　　）。

A. 中国　　B. 日本　　C. 美国　　D. 英国

4. GMP作为药品生产管理和质量控制的基本要求，其定位属于（　　）。

A. 可选择要求　　B. 最低要求　　C. 一般要求　　D. 最高要求

5. 制药机械按GB/T15692-2008可分为（　　）。

A. 6类　　B. 7类　　C. 8类　　D. 9类

6. 下列不属于制剂机械的是（　　）。

A. 片剂机械　　B. 水针剂机械　　C. 栓剂机械　　D. 饮片机械

7. 设备的维护和维修不得影响产品的（　　）。

A. 重量　　B. 质量　　C. 功能　　D. 功效

8. 制药设备状态标示牌为红色的是（　　）。

A. 运行中　　B. 停用　　C. 待维修　　D. 待清洗

二、多项选择题

1. 设备润滑管理的五定包括（　　）。

A. 定点　　B. 定时　　C. 定人　　D. 定质

2. 与药品直接接触的设备内表面及工作零件表面，应（　　）。

A. 光滑　　B. 平整　　C. 无死角　　D. 易清洗与消毒

课堂
笔记

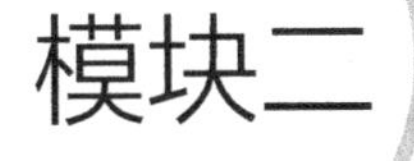

模块二 公用工程系统介绍

学生通过学习常用空气净化系统，空气输送设备，纯化水、注射用水生产设备等内容，为药剂学、药学综合实训等课程的学习打下基础。

思政导言

药品的特殊性使得制药企业必须承担更大的社会责任，如果不合格的药品被销售使用，所造成的危害是无法估量的。生产环境的规范化、空气的洁净化和制药用水的标准化为合格药品的生产提供保障，成为了生产合格药品的第一道关卡。

知识要求

1.掌握空气洁净度的定义，区分不同空气洁净级别；掌握常用空气输送设备；掌握各种纯化水、注射用水生产设备的结构、原理和使用。

2.熟悉不同生产车间环境洁净度要求，空气净化工艺和空气净化设备；熟悉常用空气输送设备的原理；熟悉纯化水、注射用水生产设备的分类。

3.了解人员、空气、物料的净化和厂房要求；了解净化空调系统的特征和划分原则；了解常用空气输送设备的使用方法；了解纯化水、注射用水生产设备的维护和保养等相关内容。

能力要求

1.会使用常用的空气输送设备。

2.会按照纯化水、注射用水生产设备标准操作规程正确操作设备，并对纯化水、注射用水生产设备进行日常的维护与保养。

项目三 空气净化系统介绍

任务一 学习空气净化基本知识

《药品生产质量管理规范》(GMP)是药品生产和质量管理的基本准则，适用于药品制剂生产的全过程和原料药生产中保障质量的关键工序。GMP着眼于药品生产的全过程，从监管结果变为监管过程。按照GMP相关规定，原料药、中药制剂、化学生物制剂和生物制剂生产过程的不同工序对洁净度有着不同要求，因此，GMP为制药企业不同生产车间的空气洁净度提供了依据。如图3-1所示为药品生产企业整体环境图。

图3-1 药品生产企业整体环境图

一、空气洁净度

空气洁净度是指洁净环境中空气含尘量和含菌量多少的程度。洁净度与含尘浓度成反比关系，含尘浓度高则洁净度低，含尘浓度低则洁净度高。空气洁净度本身是无量纲的，空气洁净度的高低可用空气洁净度级别来区分。

二、空气洁净度级别

2010版GMP将空气洁净度分为A、B、C、D四个级别，并且空气洁净度的等级依次降低。A级使用在高风险操作区域，如灌装区域、放置胶塞桶和与无菌制剂直接接触的敞口包装容器区域、无菌装配区域。B级使用在A级高风险操作区域的背景区域。C级和D级使用在较低风险操作区域。空气洁净度级别划分的标准如表3-1和表3-2所示。

表3-1　洁净区各级别空气悬浮粒子的标准

洁净度级别	悬浮粒子最大允许数/立方米			
	静态		动态	
	≥0.5μm	≥5.0μm	≥0.5μm	≥5.0μm
A级	3520	20	3520	20
B级	3520	29	352000	2900
C级	352000	2900	3520000	29000
D级	3520000	29000	不作规定	不作规定

表3-2　洁净区微生物监测的动态标准

洁净度级别	浮游菌 cfu/m³	沉降菌（ϕ90mm）cfu /4h	表面微生物	
			接触（ϕ55mm）cfu / 碟	5指手套 cfu / 手套
A级	<1	<1	<1	<1
B级	10	5	5	5
C级	100	50	25	-
D级	200	100	50	-

注：cfu为菌落形成单位。

三、净化要求

药品生产企业生产环境的设计严格按照GMP要求，建立科学的、严格的药品生产环境，最大限度地消除所有可能的、潜在的生物活性、灰尘、热原污染，生产出高品质的、卫生安全的药品。因此，药品生产企业对人员、环境、物料的净化和厂房的设计有着严格的要求。

（一）人员净化的要求

药品生产存在“污染、混淆和差错”的风险，产生风险的因素主要包括内源性影响因素和外源性影响因素。内源性影响因素包括厂房、设施、设备、系统、原辅料质量、工艺规程、标准操作规范；外源性影响因素包括“人员”带来的风险，主要涉及因“人员”对药品带来的污染风险。因此，在药品生产环境中，特别是在洁净区域，对工作人员的衣着和佩戴物、工作的动作和幅度、洁净服的质量和材质都有严格要求。如图3-2所示为工作人员洁净服的着装。

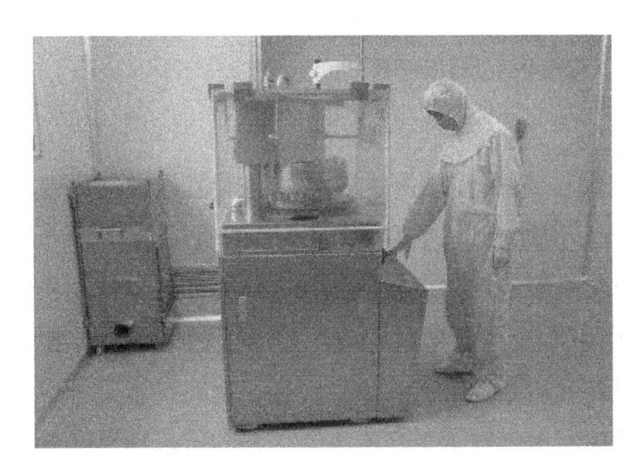
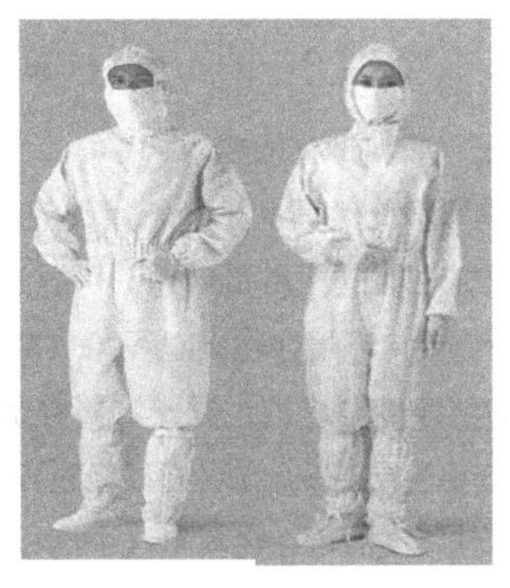

图3-2　洁净服的着装

GMP对工作人员进入洁净区域的一般要求有：①禁止患流行性感冒、痢疾、皮肤病、眼科疾病或其他传染病以及有开放性创口的工作人员进入药品生产区域。②禁止携带个人生活用品、电子产品、书刊等与生产无关的物品进入药品生产区域。③禁止化妆和佩戴饰品的工作人员进入药品生产区域。④禁止携带食品、饮料等进入药品生产区域。⑤进出药品生产区域前的工作人员需经过严格的培训和考核。⑥维修人员、校准人员、质量保证人员（QA人员）、管理人员进入洁净区域，应遵守药品生产区域所有相关的管理制度。进出B级洁净区域的人员应严格按照更衣SOP进行更衣。进出B级洁净区域人员的更衣流程如图3-3所示。

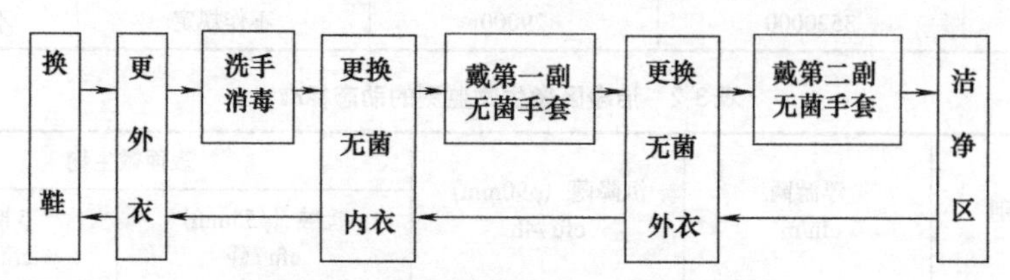

图3-3 进出B级洁净区域人员的更衣流程图

（二）空气净化的要求

空气净化是指依据GMP要求，运用空气净化技术对药品生产环境进行空气净化。空气净化技术是一种对空气进行净化，创造洁净的药品生产环境的方法。空气净化技术是保证和提高药品质量的一项综合性技术，技术核心是运用初效空气过滤器、中效空气过滤器和高效空气滤过器进行三次过滤，将空气中的微粒滤除，得到洁净的空气，再以均匀速度平行或垂直地沿同一个方向流动，并将空气周围含有的微粒带走，从而达到净化空气的目的。空气净化处理流程如图3-4所示。因此，空气净化技术是实施GMP的一个必要条件，是生产合格药品的基本保障，但是药品生产车间具体的净化程度需根据车间工艺要求和GMP有关规定来决定。

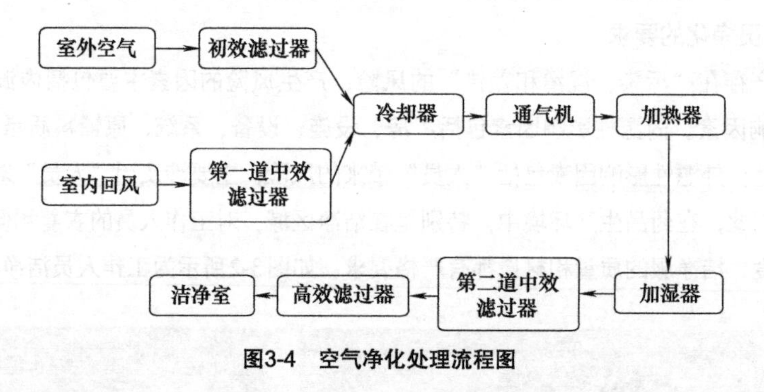

图3-4 空气净化处理流程图

（三）物料净化的要求

物料净化是药品生产所用到的原料药、设备配件等进入洁净区前需经过净化处理的过程。根据物料的性质和用途，可以进行一次净化或二次净化。一次净化是指用于非洁净区域，不需要内环境净化的过程。二次净化是指通过外环境净化、内环境净化，使物料达到生产车间洁净度要求的过程，物料存放点通常设在洁净区内或与洁净区相邻位置。物料通道和人流通道要分开，物料必须经过净化处理后才能进入药品生产区，物料传送过程中对于生产流水性不强的可在物料路线中间设置中间库，对于生产流水性很强的可采用直通式物料路线。传递过程中主要包括脱包、传达和传输。

（四）厂房设计的要求

厂房设计总体要求是参照2010版的《药品生产质量管理规范》要求进行设计和布局的。洁净室是依据药品生产工艺对生产环境洁净度的要求进行设计，对空气中尘粒（包括悬浮粒子和微生物等）、温度、湿度、压力和噪声进行严格控制，并要求洁净度等级应符合GMP规定。

药品生产厂房主要由洁净室组成。洁净室是通过净化控制内环境微粒的污染，使空气的洁净度达到一定级别可供人活动的空间，是一个涉及建筑、空调、洁净介质等多专业的学科，涉及空气洁净度、微生物负载以及空气的量（风量）、压（压力）、声（噪声）、光（强度）等多参数多功能综合整体。

厂房设计一般要求有：①洁净室环境应安静，周围空气洁净干燥，室外场地宽敞，与锅炉房、生活区有一定距离。②洁净区内应装净化空调系统，进入的空气需过滤和消毒。③洁净室内布置尽量紧凑，减少洁净室的占地面积；同级洁净室尽可能安排在一起。④洁净室内应保持正压，不同级别的洁净室之间洁净度高低依次相连，并保持相应的压差（一般为10Pa左右），洁净室内温度通常控制在18～26℃，相对湿度通常控制在45%～65%。⑤规定人流与物流要分开，室外必须设有走廊、足够的缓冲区和传递窗，避免往返，保证原料药、半成品不存在交叉污染和混杂。⑥洁净室内应设置人员净化、物料净化和相应的配套设施设备。

课堂
笔记

任务实施　洁净室的设计

【学习情境描述】

按照不同剂型对洁净室的要求，进行洁净室的设计。

【学习目标】

1. 通过理论学习洁净室的空气净化标准、设计与管理。

2. 在教师的指导下，进行洁净室的设计。

【获取信息】

引导问题1：GMP中净化标准分为哪几级?

____

____

引导问题2：洁净室的生产区域如何划分?

____

____

____

____

____

【评价反馈】

请同学们根据GMP要求，设计一个小容量注射剂的生产车间布局。

任务二　认识常用净化设备

为了使药品生产环境达到相应洁净度的要求，药品生产过程中用到的净化设备主要是净化空调系统。净化空调系统主要有集中式和分散式两种类型。集中式净化空调系统是指净化空调设备集中设置在空调机房内，净化空调设备包括加热器、冷却器、加湿器、过滤器和风机等，并用风管将洁净空气送至各洁净室。分散式净化空调系统是指在一般空调环境中设置净化空调设备，净化空调设备包括净化单元、空气自净器、层流罩和洁净工作台等。

一、净化空调系统的特征

净化空调系统与一般空调系统相比要求更高，在温度、湿度的控制基础上，还应具备以下一些特征。

（1）净化空调系统控制的参数除了对室内温度、湿度的控制有更高精度要求外，还应控制室内的洁净度、压力等。

（2）净化空调系统对空气除了有热、湿的要求外，还应对空气采取预过滤、中间过滤、末端过滤等净化措施。

（3）净化空调系统要求风量大，换气频率快，因此与一般空调系统相比，耗能大，造价高。

（4）净化空调系统的空气处理设备、风管、密封材料等应根据药品生产环境空气洁净度的不同而要求不同，并且必须严格按规定进行清洁和密封处理等。

（5）净化空调系统使用前应按规定进行调试和综合性能检测，必须达到GMP要求的空气洁净度等级后才能使用；对系统中的高效过滤器安装好后必须按规定进行检漏等。

（6）合理布置洁净室的气流分布，使洁净气流不受污染，通过气流组织，实现限制尘粒扩散，减少二次气流和涡流，将净化空气以最短的距离直接输送到工作区。

（7）为避免洁净室受室外污染或邻室污染，洁净室与室外或邻室间必须保持一定的压差，具体压差由药品生产工艺所决定。

二、净化空调系统的划分原则

净化空调系统参数要求必须根据药品生产工艺要求来确定，因此，净化空调系统的划分不应简单地按区域或空气洁净度进行划分。净化空调系统应根据药品生产环境的具体要求进行划分。

（1）一般空调系统、两级过滤的送风系统必须与净化空调系统分开设置。

（2）当药品本身具有毒性或其他有害性时，因生产工艺有特殊要求的生产车间需单独配置净化系统。

（3）药品生产工艺中对散发有毒、有害、易燃易爆气体，有害于其他车间，危害工作人员健康以及产生交叉污染的车间，应分别设置净化空调系统。

（4）对温度、湿度控制的精度要求差别较大的生产车间，净化空调系统需分别设置。

（5）单向流体系与非单向流体系要分开设置。

（6）净化空调系统的划分需考虑送风、回风和排风管路的布局，尽量做到布局合理、使用方便，力求减少各种风管管路交叉重叠；必要时对系统中个别生产车间可按要求配置温度、湿度调节装置。

三、空气净化工艺

空气净化工艺是指依据GMP要求，运用空气净化技术对空气中污染物质进行净化的工艺。空气净化工艺运用过滤的方式对药品生产的不同环境进行净化，主要包括三级净化：第一级为初效空气过滤净化，第二级为中效空气过滤净化，第三级为高效空气过滤净化。

（1）中效空气过滤净化工艺参照药品生产D级洁净度等级要求进行设计，如图3-5所示。

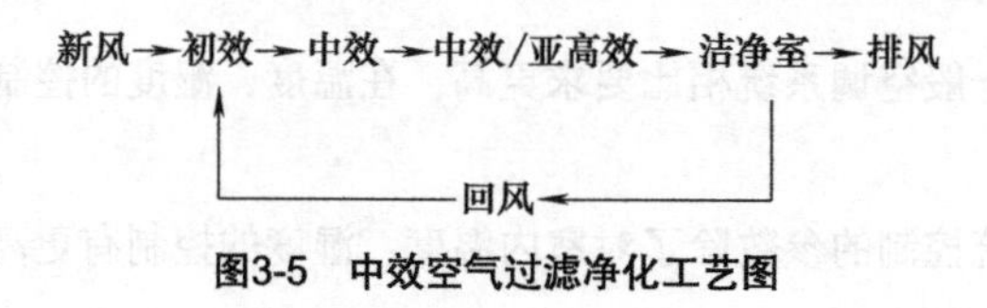

图3-5　中效空气过滤净化工艺图

（2）高效空气过滤净化工艺参照药品生产A级、B级、C级洁净度等级要求进行设计，如图3-6所示。

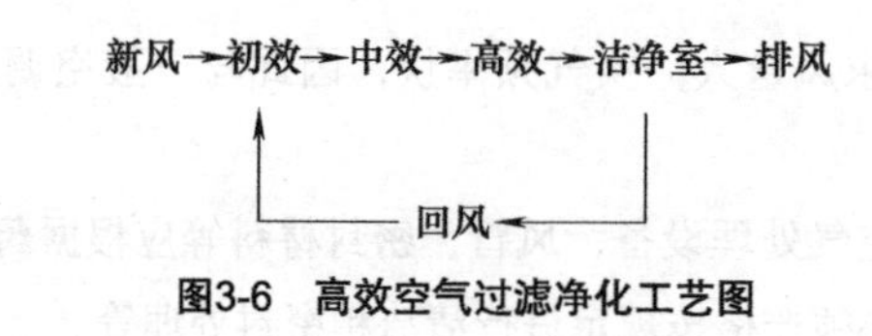

图3-6　高效空气过滤净化工艺图

四、空气净化过滤器

空气净化过滤器是运用空气洁净技术净化空气的主要设备之一，是创造洁净空气的环境不可或缺的设备。根据过滤器的过滤效率不同可分为初效空气净化过滤器、中效空气净化过滤器、高中效空气净化过滤器、亚高效空气净化过滤器和高效空气净化过滤器五类。它们主要的区别在于过滤材料的不同，如表3-3。常见的空气净化过滤膜如图3-7所示，常见的空气净化过滤器如图3-8所示。

表3-3　不同类别空气净化过滤器的区别

类别	滤材	尘粒除去率/% （对0.3μm）	阻力/mmHg	特点
初效	粗、中孔泡沫塑料，WY-CP-200涤纶无纺布	< 20	< 3	用过的滤材可水洗再生重复使用
中效	中、细孔泡沫塑料，WZ-CP-2涤纶无纺布	25～50	< 10	保护高效滤器
亚高效	短纤维滤纸玻璃纤维	99～99.9	< 15	—
高效	超细玻璃纤维，优质合成纤维	> 99.91	< 25	效力高、阻力大，一般能用3～4年，对1μm细菌透过率0.0001%，对病毒透过率0.0036%

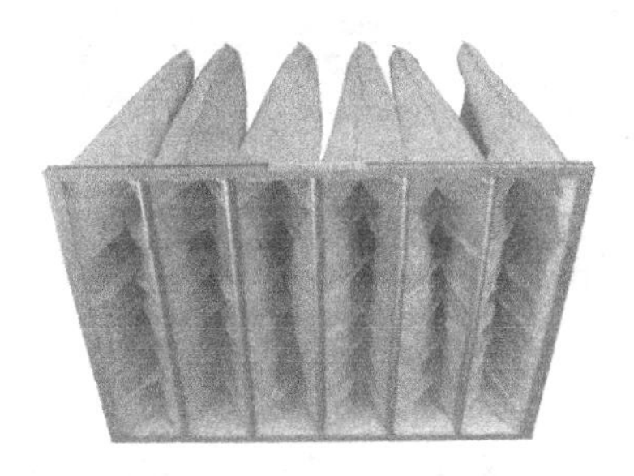

图3-7　空气净化过滤膜

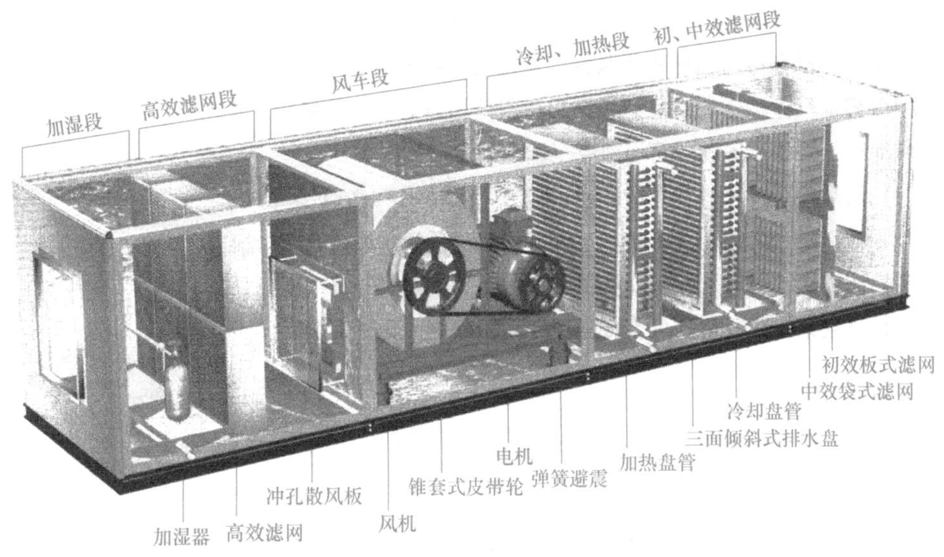

图3-8　常见的空气净化过滤器结构图

（1）初效空气净化过滤器　主要用于粗滤，截留粒径5μm以上的悬浮性微粒、10μm以上的沉降性微粒和各种异物，避免堵塞系统，过滤效率以粒径5μm为准。

（2）中效空气净化过滤器　空气经初效空气过滤器过滤后，用于截留粒径1～10μm的悬浮性微粒，过滤效率以粒径1μm为准。

（3）高中效空气净化过滤器　可用作一般净化的末端过滤器，也可用于提高系统净化，保护高效过滤器的中间过滤器，用于截留粒径1～5μm的悬浮性微粒，过滤效率以粒径1μm为准。

（4）亚高效空气净化过滤器　可用作洁净区末端过滤器，也可用作高效过滤器的预过滤器，进一步提高和确保送风的洁净度，提高新风品质，用于截留粒径1μm以下的亚微米级微粒，过滤效率以粒径0.5μm为准。

（5）高效空气净化过滤器　空气净化末端过滤器，用于截留粒径0.5μm以下的亚微米级微粒，过滤效率以粒径0.3μm为准。

项目四 空气输送设备的使用与维护

在药品生产过程中，因药品生产车间环境和某些特殊岗位对气体输送的需要，现广泛使用气体输送设备，比如喷雾干燥过程中热风的输送，流化制粒过程中气体的输送，片剂包衣过程中气体的输送等药品生产环节，都要求使用气体输送设备。

由于气体具有可压缩性和膨胀性，输送过程中压力改变时，温度、密度、体积随之也改变，所以根据气体输送的特点，按照出口气体的压力（简称终压）和出口、进口气体压力的比值（简称压缩比）不同，可以将空气输送设备分为四类。

(1) 通风机　终压$P_2 \leqslant 14.7$kPa（表压），压缩比$P_2/P_1=1 \sim 1.5$。

(2) 鼓风机　终压P_2为$14.7 \sim 294$kPa（表压），压缩比$P_2/P_1 < 4$。

(3) 压缩机　终压P_2为> 294kPa（表压），压缩比$P_2/P_1 > 4$。

(4) 真空泵　终压由空气大气压决定，压缩比由真空度决定。

任务一　通风机的使用与维护

通风机是通过输入的机械能提高气体压力并输送气体的设备，属于一种从动的流体设备。输气压力较低，广泛用于制药、矿井、隧道、冷却塔、车辆、船舶等的通风和引风。通风机是依靠旋转叶轮与气流间的相互作用力来提高气体压力的，同时使气流产生加速度而获得动能，然后气流在扩压器中减速，将动能转化为压力能，进一步提高压力。在压缩过程中气体流动是连续的。但由于气体流速较低，压力变化不大，一般不需要考虑气体比体积的变化，即可把气体作为不可压缩流体处理。

通风机按不同的分类方法分类如下。

(1) 按气体流动方向的不同，可分为离心式、轴流式、斜流式和横流式等类型。

(2) 按压力的不同，可分为低压离心通风机、中压离心通风机、高压离心通风机、低压轴流通风机、高压轴流通风机等类型。

(3) 比转速（n_s）是指要达到单位流量和压力所需的转速。按比转速大小的不同，可分为低比转速通风机（$n_s=11 \sim 30$）、中比转速通风机（$n_s=30 \sim 60$）、高比转速通风机（$n_s=60 \sim 81$）。

(4) 按用途的不同，可分为引风机、纺织风机、消防排烟风机等。

本任务重点介绍离心通风机和轴流通风机。

一、离心通风机

（一）认识设备

1.主要结构

离心通风机由叶轮和机壳组成，包括进风口、叶轮、蜗壳、出风口、传动轴、底座及电动机等部件。小型通风机的叶轮直接装在电动机上，中、大型通风机通过联轴器或皮带轮与电动机连接。其外观及结构如图4-1所示。

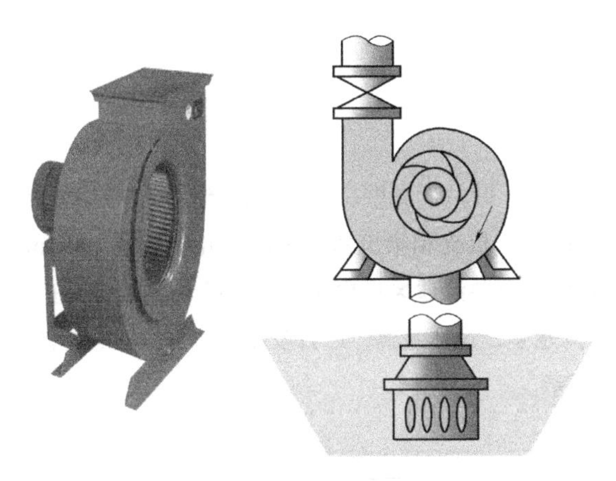

图4-1 离心通风机外观图及结构示意图

2.工作原理

运用电动机驱动叶轮在蜗壳内旋转，空气经吸气口从叶轮中心处吸入。由于叶片对气体的动力作用，气体压力和速度提高。气体在离心力作用下沿叶道甩向机壳，从排气口排出。气体在叶轮内的流动主要是在径向平面内，故又称径流通风机。

（二）操作设备

1.工作流程

离心通风机的操作过程必须严格遵守标准操作规程，具体流程如下。

(1) 开机前准备　确认风机轴承润滑性良好，机内无异物；确认阀门灵活；地脚螺栓紧固；传动机构良好；安全防护装置完好。

(2) 开机操作　先将风机进风口阀门关闭，启动风机，待风机运行平稳后，逐渐开启进口阀门达到风量要求。

(3) 停机操作　停止风机，关闭进口阀门。

2.注意事项

(1) 安装前应对风机各部件进行全面检查，机件是否完整，叶轮与机壳的转向是否一致，各部件连接是否紧密牢固，传动部件是否灵活。

(2) 安装时注意检查机壳内是否有遗留的工具、杂物。结合面上应涂上一层润滑脂或机械油。风机的进风口、出风口连接管道应采用软连接方式。进风口、出风口不能承重。

(3) 安装后检查风机的转动部分是否灵活，与固定部分有无碰撞及摩擦，然后才能进行风机试运转。

(4) 运行中检查轴承润滑情况，轴承温度、振动是否正常；检查风机运转是否平稳，机壳是否有异音；检查确认运转部位与静止部位有无接触；检查安全防护装置是否完好。

3.维护与保养

(1) 定期检查运转部位与机壳等有无接触；检查各部件的磨损和腐蚀情况。

(2) 定期清扫叶轮上附着的粉尘。

(3) 定期检查轴承润滑情况，定期补换润滑油。

(4) 保持安全防护装置完好。

二、轴流通风机

(一)认识设备

1.主要结构

轴流通风机主要有轮毂、叶片、主轴、进风口、疏流罩、整流器和扩散器等主要部件。小型低压轴流通风机由叶轮、机壳和集流器等组成，叶轮直径100mm左右，通常安装在建筑物墙壁或天花板。大型高压轴流通风机由集流器、叶轮、机壳、扩散筒和传动部件组成，叶轮直径可达20m，叶片越多，风压越高，叶片安装角（10°～45°）越大，风量和风压越大。其外观及结构如图4-2所示。

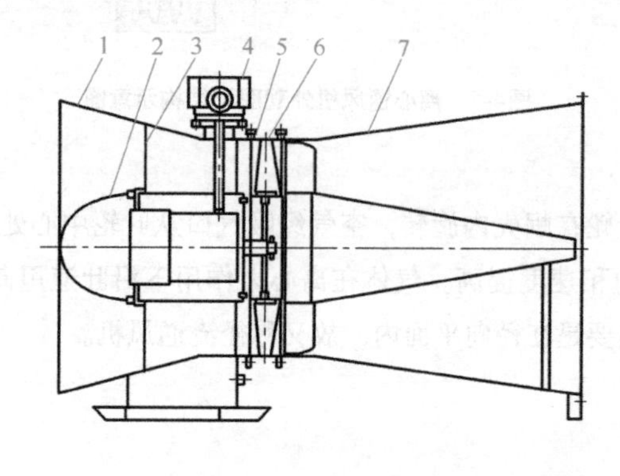

1—集流器；2—密封罩；3—进风管；4—电动机；5—铜环；6—叶轮；7—扩散器

图4-2 轴流通风机外观图及结构示意图

2.工作原理

当叶轮旋转时，运用动力机驱动叶轮在圆筒形机壳内旋转，气体从进风口进入叶轮，受到叶轮上叶片的推挤使气体的能量升高，然后流入导叶。导叶将偏转气流转变为轴向流动，同时将气体导入扩压管，进一步将气体动能转换成压力能，最后引入管道。

(二)操作设备

1.工作流程

轴流通风机的操作过程必须严格遵守标准操作规程，具体流程如下。

(1) 开机前准备　检查机组各部件；清理现场；减速机和联轴器轴承等加入规定的润滑油（脂），确保油路畅通；测试仪表、电器等正常。

(2) 开机操作　首先启动低速挡，待运转几分钟后，再换中速挡，最后换高速挡。操作过程中加强观察，根据风量可适时调整挡位。

（3）停机操作　工作结束后，关机，将各操作开关置于空挡，拉开电源开关，最后检查和清扫设备。

2. 注意事项

（1）启动前检查电器装置是否良好，电源是否正常。

（2）风机进气口应安装过滤装置或除尘器，避免异物吸入打坏叶轮。

（3）运转中检查轴承温度是否正常，轴承温升应小于40℃，并关注风机有无异常声音，振动是否加大，发现不正常立即停机检修。

（4）启动后观察配电机是否有异常声音，发现异常立即停机处理。

3. 维护与保养

（1）定期对风机维护和检修。

（2）定期清理风机及输送管道内的灰尘污垢。

（3）定期更换润滑油。

Centrifugal Fan

The main use of centrifugal fan is for indoor ventilation as factories and large buildings or thc air transport and other spontaneous which is not explosive, volatile, no harmful to the human body, no corrosion to steel.The delivery gas by centrifugal fan shall not contain viscous substances, dust and hard particles containing is no more than 150 mg/m^3, the temperature of the gas shall not exceed 80℃ .

Structure:Centrifugal Fan mainly consists of impeller, case, air inlet, drive and motor.

During the installation process should pay attention to the following three points:

(1) In some of the bonding surface, in order to prevent rust, reducing the disassembly difficulty, should be coated with a layer of lubricating oil or machine oil.

(2) When put on the joint bolt on bonding surface, if has a positioning pin, pin should be good, then tighten the bolts.

(3) Check the housing and other housing, should not fall and legacy tools or sundries.

Maintenance:

(1) Periodically remove the dust on the fan, dirt of the gas transmission pipeline and water and other impurities, to prevent rust.

(2) The wind machine repair must first outages, absolutely not allow to be carried out in the operation, switch shall be hand care, in order to prevent the intermediate transmission.

(3) Should regularly check the thermometer and the oil standard sensitivity.

(4)In addition to every time after overhaul should be the replacement lubricants, also should change lubricants regularly .

(5) Every time before and after the repair should be carefully recorded, inventory, check the number of tools and raw materials, to prevent forgetting in the internal of the fan and pipeline.

(6) Fan test import and export direction not allow people within ten meters.

(7) Installation, repair and test strictly prohibit unrelated to the presence of onlookers.

离心式通风机

离心式通风机主要用途是为一般工厂及大型建筑物的室内通风换气或输送空气及其他不自燃、不易爆、不挥发、对人体无害、对钢材无腐蚀性的气体。离心式通风机输送的气体均不得含黏性物质，所含尘土及硬质颗粒物浓度不大于150 mg/m³，气体温度不得超80℃。

结构：离心式通风机主要由叶轮、机壳、进风口、电动机、传动部件等部分组成。

在安装操作过程中必须注意下列三点：

(1) 在一些接合面上，为了防止生锈、减小拆卸困难，应涂上一层润滑油或机械油。

(2) 在上接合面的螺栓时，如有定位销钉应先上好销钉再拧紧螺栓。

(3) 检查机壳内及其他壳体内部，不应有掉入和遗留的工具或杂物。

维护：

(1) 定期清除风机及输气管道内的灰尘、污垢及水等杂质并防止生锈。

(2) 风机修理时必须先断电停机，绝对不允许在运转中进行。开关应由专人监护以防中途送电。

(3) 对温度计及油标的灵敏性应定期检查。

(4) 除每次拆修后应更换润滑油外还应定期更换润滑油。

(5) 每次维修前后均应仔细记录、清点、核对工具及原材料数量以防遗忘在风机及管道内部。

(6) 风机试车时进出口方向十米之内不允许站人。

(7) 安装、维修及试车时严禁无关人员在场围观。

任务二　鼓风机的使用与维护

鼓风机是输出风压为15kPa～0.2MPa或压缩比e=1.15～3的通风机。其工作原理与离心式通风机相似。按工作原理可分为离心式鼓风机和罗茨鼓风机。

一、离心式鼓风机

(一) 认识设备

1.主要结构

离心式鼓风机又称涡轮鼓风机或透平鼓风机，一般由进气口、叶轮、蜗壳、排气口、传动轴、底座及电动机等部件组成。由于气体流速较低，压力变化不大，一般不需要考虑气体比体积的变化，即把气体作为不可压缩流体处理。其外观及结构如图4-3所示。

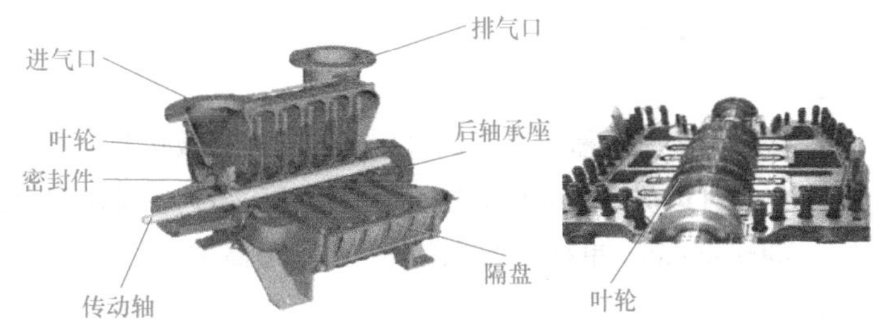

图4-3　离心式鼓风机外观图及结构示意图

2. 工作原理

离心式鼓风机是根据动能转换为势能的原理，利用高速旋转的叶轮将气体加速，然后减速、改变流向，使动能转换成势能（压力）。在单级离心式鼓风机中，气体从轴向进入叶轮，流经叶轮时改变成径向，然后进入扩压器，气体在扩压器中改变流动方向造成减速，从而将动能转换成压力能。压力增大主要发生在叶轮，其次是扩压过程。在多级离心式鼓风机中，用回流器使气流进入下一叶轮，产生更大压力。离心式鼓风机有右旋和左旋两种。从电动机一侧正视，叶轮顺时针旋转称为右旋转风机，逆时针旋转称为左旋转风机。

（二）操作设备

1. 工作流程

离心式鼓风机的操作过程必须严格遵守标准操作规程，具体流程如下。

（1）开机前准备　检查检修记录，确认设备正常；确认电机转向正确；检查轴承箱清洁状态和润滑油的量；检查出口和进口阀门是否关闭。

（2）开机操作　确认无误后启动泵，观察电压、电流；注意观察启动中的振动、声音是否异常，如有异常立即停机检查；如无异常，迅速全开泵的出口阀门，再缓慢开启进口阀门，观察电流，将泵调至正常运行参数；检查泵润滑、电源、电压、电机温度、泵轴温度等是否正常。

（3）停机操作　按停止按钮；迅速关闭泵的进口、出口阀门；停泵后，盘泵轴3圈；断开隔离开关。

2. 注意事项

（1）泵的轴瓦温度一般不得超过75℃，密封严密，防止窜入水珠。电机轴承温度一般不得超过65℃。

（2）观察电流、电压、泵压变化情况。

（3）电机与泵轴瓦振动振幅一般不得超过0.06 mm，机泵内无杂音，无焦烟味。

3. 维护与保养

（1）常规维护，检查及检修。

（2）定期补充润滑油。

（3）定期检查出口压力、振动、密封性、轴承温度等，发现问题及时处理。

（4）定期检查泵各部螺栓是否松动。

二、罗茨鼓风机

（一）认识设备

1.主要结构

罗茨鼓风机，也称作罗茨风机，属容积回转鼓风机，利用两个或者三个叶形转子在气缸内作相对运动来压缩和输送气体的回转压缩机。排风量为0.15～150m³/min，转速为150～3000rad/min。单级压比通常小于1.7，最高可达2.1，可多级串联使用。其外观及结构如图4-4所示。

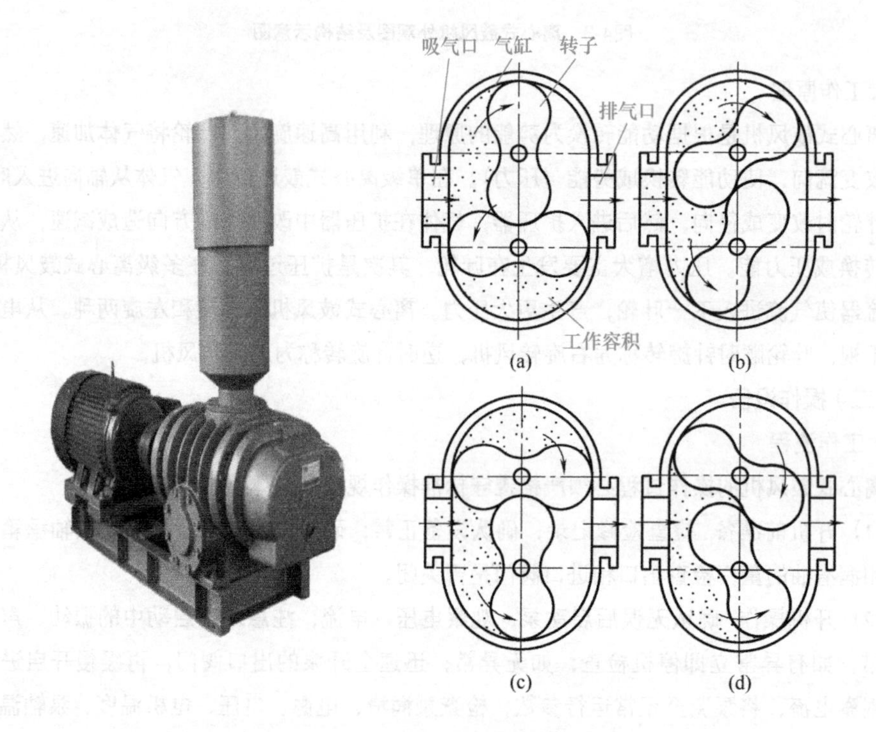

图4-4　罗茨鼓风机外观图及结构示意图

2.工作原理

罗茨鼓风机是靠转子轴端的同步齿轮使两转子保持啮合，转子上每一凹入的曲面部分与气缸内壁组成工作容积，在转子回转过程中从吸气口带走气体，当移到排气口附近与排气口相连通的瞬间，因有较高压力的气体回流，这时工作容积中的压力突然升高，将气体输送到排气通道，两转子依次交替工作，互不接触，转子间通过严密控制间隙实现密封，并且排出的气体不会被润滑油污染。

（二）操作设备

1.工作流程

罗茨鼓风机的操作过程必须严格遵守标准操作规程，具体流程如下。

(1) 开机前准备　加入规定牌号润滑油，保持油位，清除鼓风机内外的灰尘和异物；接通冷却水，检查水路是否通畅，调节冷却水量；检查风机叶轮转动是否灵活，有无摩擦、碰撞现象；检查各部位连接是否良好，有无松动；打开系统进、出气口和旁通阀门或放空阀门，避免鼓风机带负荷启动。

(2) 开机操作　打开风机及中间冷却器冷却水；全开进气、排气管道阀门；检查各油箱油位；手动盘车检查有无异常；接通电源，降压启动电动机，逐步加压至规定压力，投入正常运转。

(3) 停机操作　逐步泄压减载至空载；切断电源停车；关闭风机及中间冷却器冷却水。

2.注意事项

(1) 确认中间冷却器出口的气体温度已充分降低，避免第二级风机烧坏。

(2) 启动后如有摩擦、撞击、振动和过热等异常现象，立即停车检查。

(3) 运转中注意电流表指示、轴承温度、润滑油状态。

(4) 注意风机及中间冷却器冷却水有无堵塞现象，冷却水量是否达到规定量。

3.维护与保养

(1) 定期维护

① 每日检查：检查油面指示计；观察主、副油箱温度变化；检查吸入和排出压力；检查电机负荷。

② 每月检查：检查皮带张力；检查皮带和联轴器防护罩有无松动；清洗空气滤清器。

③ 半年检查：检查鼓风机皮带张力。

④ 一年检查：检查润滑油；检查转子和机壳内壁情况及间隙变化；检查齿轮及轴承。

(2) 日常保养

① 运转中压缩热会引起机壳升温，但如果局部温升过高，应立即停车检查。

② 使用过程中特别关注轴承温度、振动和声音。

③ 当转子与转子、转子与机壳间有接触时，用听音棒对着机壳进行听音检查。

④ 检查定位销的紧固情况。

任务三　压缩机的使用与维护

压缩机是将原动机（通常是电动机）的机械能转换成气体压力能的装置，是压缩空气的发生装置，制冷系统的“心脏”，从吸气管吸入低温低压的气体，通过电机运转带动活塞对其进行压缩后，为制冷循环提供动力，从而实现压缩-冷凝-膨胀-蒸发（吸热）的制冷循环。压缩机按其原理可分为容积型压缩机和速度型压缩机。容积型压缩机又可分为往复式压缩机和回转式压缩机；速度型压缩机又分为轴流式压缩机、离心式压缩机和混流式压缩机。在制药企业常用的是往复式压缩机和离心式压缩机。

一、往复式压缩机

（一）认识设备

1.主要结构

往复式压缩机主要部件有机体、气缸、活塞、单向阀门、填料密封；辅助系统有润滑系统、冷却系统、调节系统，部分产品还具有消音系统。机体的结构形式可分为立式、卧式、角度式和对置式等多种形式，由机身、中体和曲轴箱（机座）三部分组成。其外观及结构如图4-5所示。

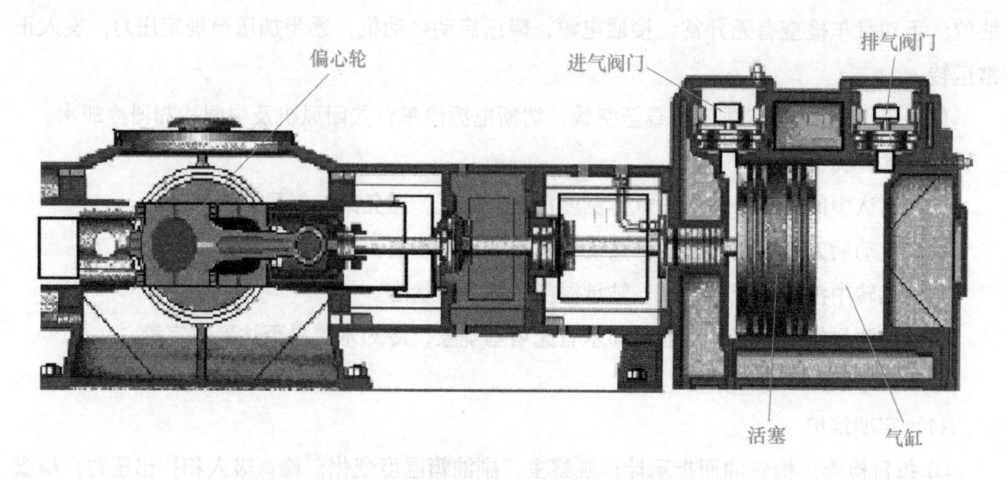

图4-5 往复式压缩机外观图及结构示意图

2.工作原理

往复式压缩机是一个或几个作往复运动的活塞来改变压缩腔内部容积的压缩机。曲轴带动连杆，连杆带动活塞，活塞作上下运动。活塞运动使气缸内的容积发生变化，当活塞向下运动时，气缸容积增大，进气阀门打开，排气阀门关闭，空气被吸入，完成进气过程；当活塞向上运动时，气缸容积减小，排气阀门打开，进气阀门关闭，完成压缩过程。随后活塞进行下一轮膨胀、吸入、压缩、压出四个阶段的循环过程。

（二）操作设备

1.工作流程

往复式压缩机的操作过程必须严格遵守标准操作规程，具体流程如下。

(1) 开机前准备　检查循环冷却水投用正常，各冷却部位走水畅通，回水排空将空气排尽，压力、温度正常；电机已送电；压缩机气量调节系统调试正常；润滑油更换完成，电机轴承箱加油正常；所有安全阀门已定压，并投入使用。

(2) 开机操作　启动油泵，观察压缩机中体内十字滑道是否有油；启动盘车电机，检查确认压缩机处于空负荷状态；将盘车电机油泵停下，将手柄调到开车处，触摸屏调至运行位置；启动电气压缩机；检查电机启动控制设备及自控仪表。

(3) 停机操作　关压缩机入口阀门；将压缩机负荷降至零；关压缩机出口阀门；机体泄压，泄压完成后关闭阀门；停主电机，同时开辅助油泵保持润滑油循环15min左右（给转动部位降温）；停辅助油泵。

2.注意事项

(1) 关闭进气截止阀门；打开外接气阀门。

(2) 开机前检查各部件情况，正常后依次运转5min和30min进行观察；然后关闭外接气阀门，调节压力到0.2 MPa。

(3) 负荷试车应注意：①检查填料有无漏气；②排气温度≤120℃；③进入冷却水温度≤32℃，排出冷却水温度≤40℃；④检查各轴承表面情况。

（4）连续运转，每半小时检查各部件温度和压力1次，打开分离器排污阀门放水1次。

3.维护与保养

（1）在试车前严格检查压缩机组及管道的清洁度，检查各测量仪是否正常。

（2）准备好压缩机试运转的各种专用工具、材料、润滑油等。

（3）安装、调试做好记录。

（4）使用后拆下压缩机的吸气和排气阀门、吸气和排气管道后，必须包封排气、吸气口。

二、离心式压缩机

离心式压缩机是靠叶轮对气体做功使气体的压力和速度增加，在扩压器中将动能转变为压力能的装置。

（一）认识设备

1.主要结构

离心式压缩机，又称透平式压缩机，主要用来压缩气体，主要由转子和定子两部分组成。转子包括叶轮和轴，叶轮上有叶片、平衡盘和一部分轴封；定子的主体是气缸，还有扩压器、弯道、回流器、进气管、排气管等装置。其外观及结构如图4-6所示。

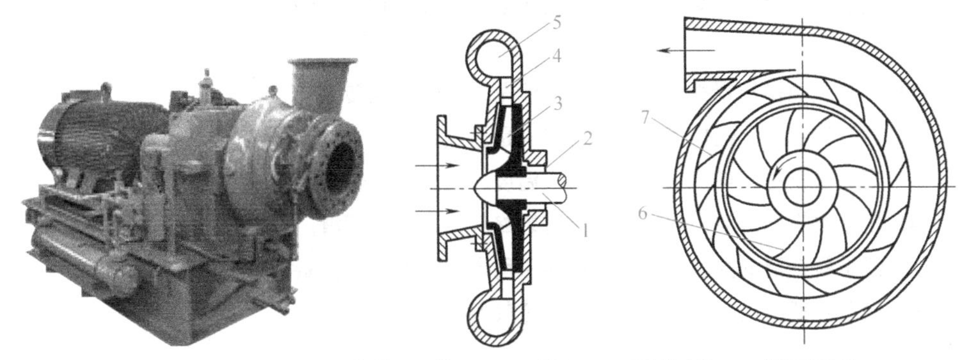

1—轴；2—轴封；3—工作轮；4—扩压器；5—蜗壳；6—工作轮叶片；7—扩压器叶片

图4-6　离心式压缩机外观图及结构示意图

2.工作原理

离心式压缩机用于压缩气体的主要部件是高速旋转的叶轮和通流面积逐渐增加的扩压器。所以离心式压缩机的工作原理是通过叶轮对气体做功，在叶轮和扩压器的流道内，利用离心升压作用和降速扩压作用，将机械能转换为气体的压力能。

（二）操作设备

1.工作流程

离心式压缩机的操作过程必须严格遵守标准操作规程，具体流程如下。

（1）开机前准备　检查水路、气路、油路压力、温度等是否达标；检查系统压力设定值是否正确；检查控制面板是否满足启动条件；检查运行参数是否正常。

（2）开机操作　打开压缩机出入阀门；启动盘车油泵；停用液压盘车；建立启动油压；启动机组、启动汽轮机；调节转速至规定范围；调节凝汽器循环水量，控制凝汽器出口温度；将抽气器切换至主抽气器；检查润滑油系统压力、温度，并调至正常值；检查润滑油供油总管温度，调整有冷却器的冷却水量。

（3）停机操作 按停机按钮；关闭压缩机出气阀门；停车后半小时关闭冷却水，打开冷凝排污阀门；如遇突发事故按下紧急停车按钮，应确保辅油泵能自动运行，给齿轮箱供油。

2.注意事项

（1）空负荷试车

① 检查油、水、气、电、仪等是否正常；

② 打开压缩机出口阀门；

③ 启动电机驱动机组，按操作规程进行暖管、暖机、升速；

④ 空负荷试车时应检查机组；

⑤ 空负荷试车不少于8h。

（2）负荷试车

① 在空负荷试车正常后进行；

② 启动氮气置换机组；

③ 负荷试车按照操作规程进行升速、升压步骤；

④ 机组正常运行。

（3）离心式低温泵中阀门的打开和关闭必须是缓慢和逐步的。

3.维护与保养

（1）严格按照操作规程启动、运转与停车，并做好运转记录。

（2）随时检查主、辅机信号装置及仪表是否灵敏。

（3）定时检查主、辅机进出口压力、温度、油压和各轴承温度，并做好记录。

（4）定期更换润滑油，齿式联轴器应始终保持良好的润滑。

（5）经常检查清洗油过滤器，保证油压稳定，机械杂质含量不超过允许标准。

（6）设备长期不用时，应做好油封或氮气保护。

任务四　真空泵的使用与维护

真空泵是利用机械、物理、化学或物理化学的方法将容器进行抽真空的设备。真空泵按照工作原理可分为水环式真空泵、罗茨真空泵和旋片式真空泵三类。

一、水环式真空泵

（一）认识设备

1.主要结构

水环式真空泵，又称液环真空泵，是指在泵体中装有适量的水作为工作液的真空泵。主要部件有泵壳、偏心叶轮、气体进出口、动力传输系统。其外观及结构如图4-7所示。

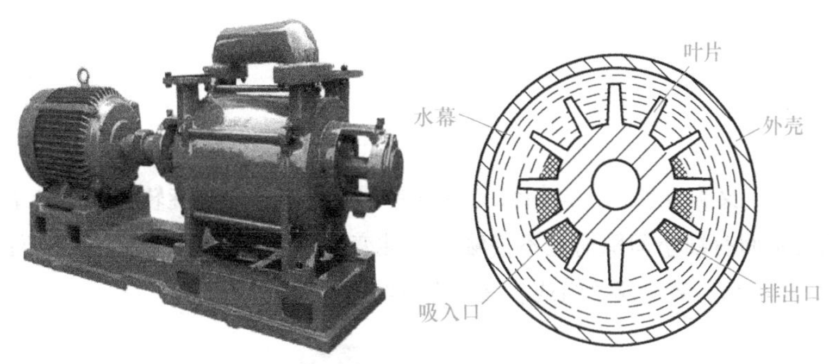

图4-7 水环式真空泵外观图及结构示意图

2.工作原理

当叶轮顺时针旋转时，水被叶轮抛向四周，由于离心作用，水形成一个泵腔形状的封闭圆环。水环的下部分内表面恰好与叶轮轮毂相切，上部内表面刚好与叶片顶端接触，此时叶轮轮毂与水环之间形成一个月牙形空间。如果以叶轮下部0°为起点，叶轮旋转前180°时小腔的容积由小变大，且与端面上的吸气口相通，此时气体被吸入，当吸气结束时小腔与吸气口隔离；叶轮继续旋转时，小腔由大变小，气体被压缩，小腔与排气口相通时，气体便被排出泵外。

（二）操作设备

1.工作流程

水环式真空泵的操作过程必须严格遵守标准操作规程，具体流程如下。

（1）开机前准备　关闭泵体手动排凝球阀门，检查真空表、压力表、循环冷却水等；机组注水。

（2）开机操作　确认泵电机已送电，启动电动机，打开密封液阀门；调节泵进出口阀门，调节真空度，调节出口流量正常、电动机电流正常等；启动后确认泵流量、压力正常且稳定，确认轴承箱外温度，确认无泄漏，确认冷却水温度等。

（3）停机操作　停泵，关闭泵体注水线上阀门，关闭密封液阀门，停电机；隔离，排空，关闭泵入口阀门，关闭泵出口阀门，关闭汽水分离器补水阀门等。

2.注意事项

（1）试车前检查　检查冷却水系统；检查油封状态；检查各连接螺栓松紧度；检查填料压盖是否平整。

（2）试车　试车时间≥2h；运行平稳，无杂音；各轴承温度≤70℃；轴承振动≤0.09 mm。电机电流不超额定值；冷却水系统正常；真空度、抽滤平衡后，正常启动。

3.维护与保养

（1）真空泵保持清洁、干燥。

（2）定期检查真空度波动和泵体振动情况；检查冷却水管是否堵塞，各螺栓有无松动。

（3）运行中检查填料箱是否发热，滚动轴承温度是否异常和润滑性是否良好；检查泵运转时有无杂音。

（4）轴承每年至少清洗1次，装油3～4次。

二、罗茨真空泵

（一）认识设备

1.主要结构

罗茨真空泵，又称罗茨泵，是指泵内装有两个相反方向同步旋转的叶形转子，转子间、转子与泵壳内壁间有细小间隙而互不接触的一种变容真空泵。罗茨真空泵主要由转子、泵体、进气口、排气口、旁通阀等组成。其外观及结构如图4-8所示。

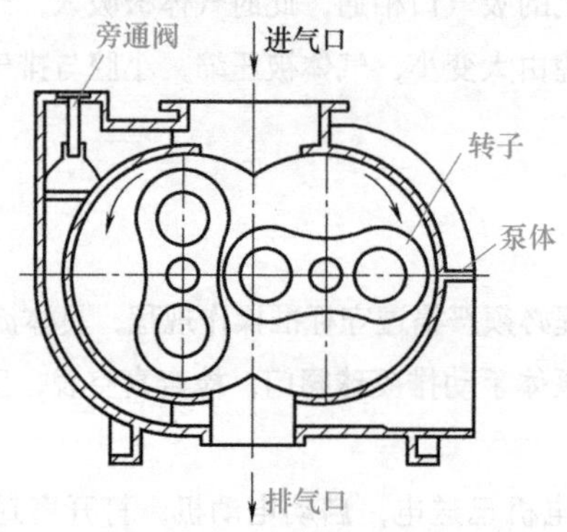

图4-8　罗茨泵外观图及结构示意图

2.工作原理

罗茨真空泵的泵腔内有两个8字形的转子相互垂直地安装在一对平行轴上，由转动比为1的一对齿轮带动彼此反向旋转。在转子之间，转子与泵壳内壁之间，保持一定间隙，实现高速转动。罗茨泵的极限真空取决于泵本身和前级泵的极限真空。为提高泵的极限真空度，可将罗茨泵串联使用。罗茨泵的工作原理与罗茨鼓风机相似。由于转子的不断旋转，被抽气体从进气口吸入到转子与泵壳之间的空间内，再经排气口排出。由于吸气后空间是全封闭状态，所以在泵腔内气体没有压缩和膨胀。

（二）操作设备

1.工作流程

罗茨真空泵的操作过程必须严格遵守标准操作规程，具体流程如下。

(1) 开机前准备　检查工作电源、工作电压是否达到要求；检查电机运转方向，确认无误后使用；检查泵的冷却水是否畅通；检查泵的油位。

(2) 开机操作　启动前级泵，待系统内压力达到罗茨真空泵的允许压力后启动罗茨真空泵；泵的最高温升不得超过40℃，最高温度不得超过80℃。

(3) 停机操作　先停罗茨真空泵，且停稳后再停前级真空泵；关闭冷却水，长期不用应将泵壳余水放尽。

2.注意事项

(1) 启动前，在齿轮箱和减速器加入20#～40#机械油。检查全部管路、接头密封性，要求严密不漏。首次启动前应向泵内注入所输送的液体。启动前应全开吸入和排出管路中的阀门，严禁闭阀门启动。

(2) 运转过程中注意轴承和泵体各部分的温度。如果罗茨泵在运转过程中发现泵和电机声音异常，电流表指针迅速上升，管路发生故障等现象，应立即停车检查。

(3) 停车过程中先关电机，再关泵的进、出口阀门。输送稠油、沥青黏稠介质时，使用后如长时间不用，应及时用稀油清洗。

3.维护与保养

(1) 减速器油半年更换一次，齿轮箱油每季度更换一次。

(2) 设备运行中如发现泄漏时立即检查密封情况，如发现异常声响时立即停机检查。

(3) 设备真空机组不能在缺水下运行；长期抽大量含酸容器，需不间断更换循环水。

三、旋片式真空泵

(一) 认识设备

1.主要结构

旋片式真空泵，又称旋片泵，是一种油封式机械低真空泵，可单独使用，也可作高真空泵或超高真空泵的前级泵。旋片式真空泵主要有壳体、转子、旋片、排气阀门、吸入阀门、排气管、定子、定盖、弹簧等零部件，广泛用于冶金、化工、轻工、石油及医药等行业。其外观及结构如图4-9所示。

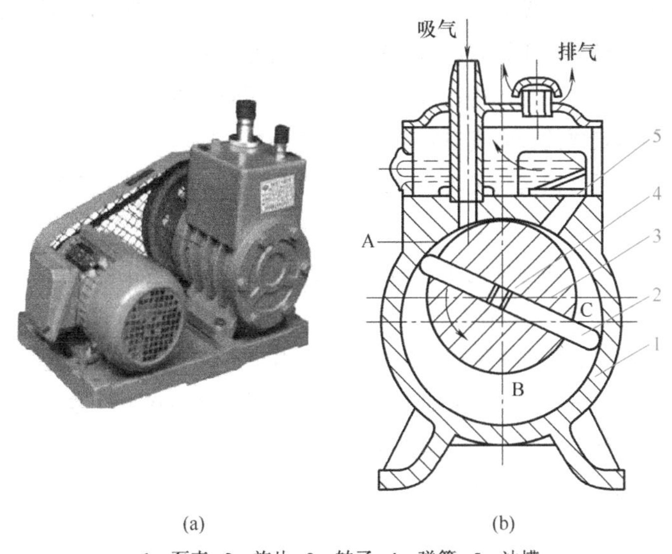

1—泵壳；2—旋片；3—转子；4—弹簧；5—油槽

图4-9 旋片泵外观图及结构示意图

2.工作原理

在旋片式真空泵的腔内偏心地安装一个转子，转子外圆与泵腔内表面相切，转子槽内装有带弹簧的两个旋片。旋转时，靠离心力和弹簧的张力使旋片顶端与泵腔内壁保持接触，转子旋转带动旋片沿泵腔内壁滑动。两个旋片把转子、泵腔和两个端盖所围成的月牙形空间分隔成A、B、C三部分［见图4-9（b）］，当转子旋转时，与吸气口相通的空间A容积逐渐增大，处于吸气过程。而与排气口相通的空间C容积逐渐缩小，处于排气过程。居中的空间B容积逐渐减小，处于压缩过程。由于空间A容积逐渐增大（即膨胀），气体压强降低，泵入口处外部气体压强大于空间A内压强，将气体吸入。当空间A与吸气口隔绝时，即转至空间B位置，气体开始被压缩，容积逐渐缩小，最后与排气口相通。当被压缩气体超过排气压强时，排气阀门被压缩气体推开，气体穿过油箱内油层排至大气中。由泵连续运转，达到连续抽气目的。如果排出的气体通过气道而转入另一级（低真空级），由低真空级抽走，再经低真空级压缩后排至大气中，即组成了双级泵。这时总的压缩比由两级来负担，因而提高了极限真空度。

（二）操作设备

1.工作流程

旋片式真空泵的操作过程必须严格遵守标准操作规程，具体流程如下。

（1）开机前准备　检查电源是否连接。

（2）开机操作　启动旋片式真空泵电动机，观察有无异常声响及异常振动；检查冷却水管是否畅通；注意油面位置，过多会出现启动困难、返油、喷油等现象，过少起不了油封作用，影响真空度；打开泵进气嘴上阀门，大小视情况而定。

（3）停机操作　先关闭进气嘴上的阀门，对泵体放气，最后切断电源。

2.注意事项

（1）启动前先接通冷却水，当水开始从水管出口流出后再启动电动机。

（2）启动电动机时需间断启动，使泵缓慢回转，待泵腔内油排出后再正式运转。

（3）泵运转后，轴封处不许有漏油现象。一旦发现漏油需立即采取措施。

（4）泵正常工作时，油温不得超过40℃，并注意噪声，注意电动机负荷情况及三角皮带是否有松动，同时测定泵的极限真空度和抽气速率。

（5）停泵前将泵吸气口阀门关闭，使泵口与真空系统隔断，然后停车。

3.维护与保养

（1）旋片式真空泵一般应使用符合SH/ T 0528—1992标准规定的旋片式真空泵油。环境温度在0～10℃时使用ISO-VG32黏度等级的真空泵油。

（2）真空泵运转时必须保证油位在油窗高度的1/2～4/5处。应经常检查油位和油的污染情况。旋片式真空泵第一次工作满150h后换油。以后每工作500h换一次油。

（3）吸气滤网应保持清洁，以免抽速下降。

（4）如果泵长期不用，应将油放尽并清洗泵，然后注入规定的新油并放于干燥环境中。

项目五 制水设备的使用与维护

水是药物生产中用量最大、使用最广的一种原料，用于生产过程及药物制剂的制备。药典中所收载的制药用水，因其使用的范围不同而分为饮用水、纯化水、注射用水及灭菌注射用水。制药用水的原水通常为饮用水，为天然水经净化处理所得的水，其质量必须符合GB 5749—2006《生活饮用水卫生标准》。制药用水的制备从生产设计、材质选择、制备过程、贮存到分配和使用均应符合生产质量管理规范的要求。制水系统应经过验证，并建立日常监控、检测和报告制度，有完善的原始记录备查。储罐和管道应采用适宜方法（紫外灯管照射、加热灭菌等）定期清洗和灭菌。

纯化水为饮用水经蒸馏法、离子交换法、反渗透法、电渗析法或其他适宜的方法制备的制药用水。其不含任何附加剂，质量应符合药典纯化水项下的规定。纯化水可作为配制普通药物制剂用的溶剂或试验用水；可作为中药注射剂、滴眼剂等灭菌制剂所用药材的提取溶剂；可作为口服、外用制剂配制时的溶剂或稀释剂；可作为非灭菌制剂用器具的精洗用水；也用作非灭菌制剂所用药材的提取溶剂。纯化水在制备中应严格监测各生产环节，防止微生物污染。用作溶剂、稀释剂或精洗用水时，一般应临用前制备。

注射用水是指纯化水用蒸馏法制备的制药用水，主要用于配制注射剂，《中华人民共和国药典》对注射用水质量标准有严格的要求，制备注射用水最经典的方法是重蒸馏法。重蒸馏法是通过蒸发冷凝、再蒸发冷凝的过程来除去各种挥发和不挥发的杂质，包括热原、无机盐、悬浮粒子和微生物等。重蒸馏法产量大，耗能低，已成为一种制备注射用水的法定方法。

任务一　纯化水生产设备的使用与维护

纯化水生产工艺包括前处理、去离子化（脱盐）和后处理三个过程。其作用是：前处理是除去原水中悬浮物、不溶性颗粒、余氯等杂质；去离子化是除去原水中呈离子形式的杂质；后处理是进一步杀灭水中微生物，从而制备纯化水。纯化水作为药品生产过程中大量使用的工艺用水，常用的设备有蒸馏水器、离子交换器、电渗析器、反渗透器和超滤器等，目前，纯化水一般不采用单一净化设备进行生产，而是采用组合设备，以提高纯化水的净化程度。

一、反渗透器

（一）认识设备

1. 主要结构

反渗透器是通过反渗透膜将水分子从原料水中分离出来而制备纯化水的设备。其特点是除盐率高，并具较高的除微生物、热原能力。主要包括高压泵、反渗透膜组件（反渗透器的核心部分）、药洗装置、控制装置和检测仪表。目前在制药领域中常用的反渗透器是二级反渗透制水设备。其外观及结构见图5-1。

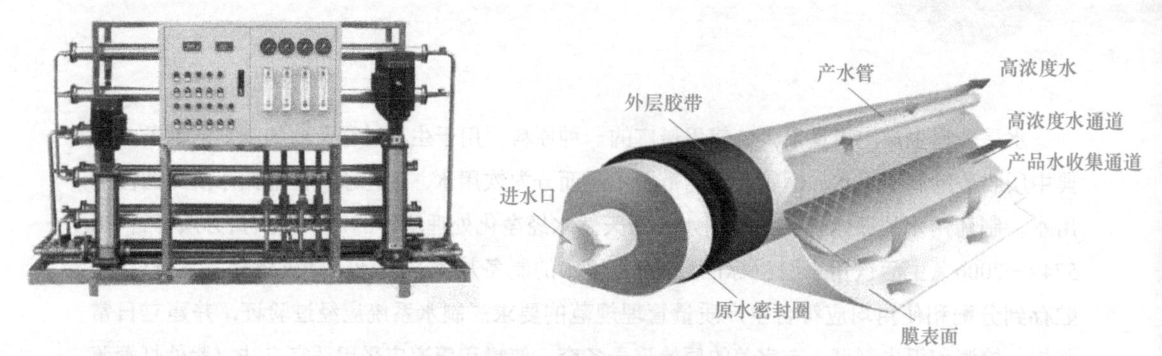

图5-1 二级反渗透制水设备外观图及结构示意图

2. 工作原理

反渗透是渗透的逆过程，是在高于溶液渗透压的压力下，借助于只允许水分子透过的反渗透膜的选择截留作用，将原料水中的盐离子、微生物、热原、有机物等杂质分离，从而达到净化水质的目的。二级反渗透制水工艺流程：原水通过原料水泵（增压泵）输送到多介质过滤器、活性炭过滤器、保安过滤器预处理后，再送入一级反渗透装置、二级反渗透装置进行反渗透处理，所得反渗透水经紫外线杀菌器杀菌后送入贮存罐贮存。其工艺流程见图5-2。

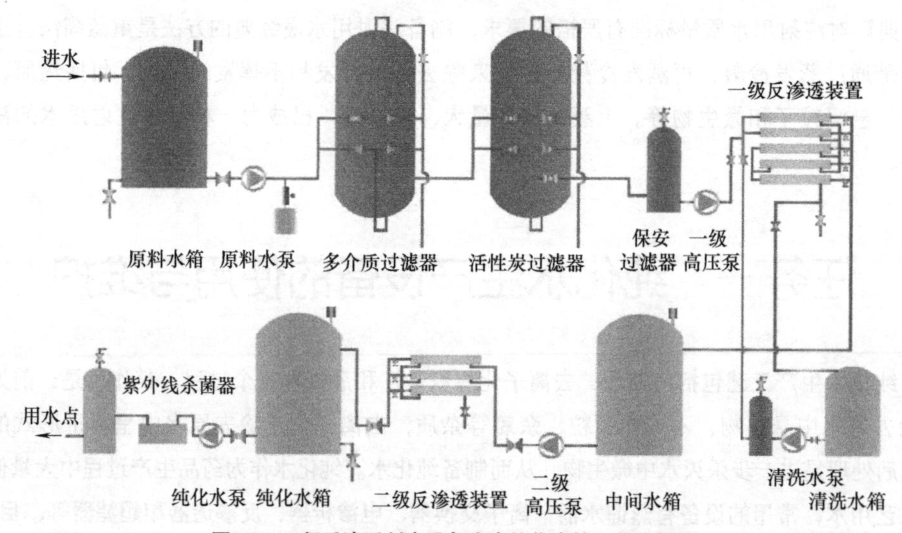

图5-2 二级反渗透制水设备生产纯化水的工艺流程图

（二）操作设备

1. 工作流程

二级反渗透制水设备的操作过程必须严格遵守标准操作规程，具体流程如下。

（1）开机前准备

① 检查设备是否清洁干净，无灰尘及油污；

② 检查供水管线是否畅通，管道上的不锈钢浮球阀、水位传感器、压力传感器等是否正常。

（2）开机操作

① 打开进水阀；

② 调节控制面板，总电源指示灯亮，打开原水增压泵开关；

③ 填装机械过滤器（分别填装石英砂和活性炭），装多功能控制阀，调节多功能控制阀至反洗状态，运行，至排出的水清澈，调节多功能控制阀至正洗状态，运行，至排出的水清澈，反复多次清洗，正洗结束后，多功能控制阀自动调节至运行状态，调节进水阀流量稳定在适当的流量；

④ 制水，调节石英砂过滤器和活性炭过滤器至服务状态，打开原水泵开关，打开制水开关，依次启动一级高压泵和二级高压泵，开始运行，同时调节一级浓水流量和二级浓水流量调节阀，控制纯化水产量在指定值。

（3）停机操作　结束后停运，关闭原水泵电源，关闭控制面板上总电源，关闭各调节阀门等。

2.注意事项

（1）不可超产量运行，避免反渗透膜的损坏。

（2）严禁无水空转纯水泵。

3.维护与保养

（1）开机时，打开一级浓水电磁阀进行反渗透系统的清洗。

（2）参照系统运行和维护要求定时进行反渗透系统的清洗。

（3）定期检查和更换精密过滤器。

任务拓展　双语课堂

Reverse Osmosis System

Reverse osmosis (RO) is an advanced and effective desalting technology today. Reverse osmosis is a water treatment technology based on membrane separation. Its principle is allowing the water passing through the reverse osmosis membrane to become pure water as driven by the pressure. The impurities in the water are trapped by the reverse osmosis membrane and then taken away.The reverse osmosis technology can be used to effectively eliminate impurities in water, including dissolved salts, colloids, bacteria, virus, bacterial endotoxin, and most organic matters. The desalting rate of the reverse osmosis system is typically 95%~99%.

Technology Advantages:

(1) Allow water to be desalinated and purified under room temperature conditions using phase-transformation-less physical method.

(2) Water treatment only relies on water's pressure as the driving force, boasting the lowest energy consumption compared with many other water treatment methods.

(3) No need to use a large amount of chemical agents, acids and alkali for reclamation treatment.

(4) No discharge of waste chemical liquids and waste acids or alkali, no waste acid and alkali neutralizing treatment process involved, and no environmental pollution.

(5) Convenient operation and stable product water quality.

Applications:

(1) Power industry: boiler feed water.

(2) Electronics industry: ultra pure water for the semi-conductor industry.

(3) Food and pharmaceutical industry: process water.

(4) Chemical industry: process water and waste water treatment.

(5) Drinking water projects: ultra-pure water preparation and drinking water purification.

(6) Petrochemical industry: oil field injection water and petrochemical waste water advanced treatment.

(7) Sea water desalination: process and domestic water for island regions, coastal water-short regions, marine vessels, and offshore oilfields.

(8) Environmental protection sector: reclamation of precious metals and waste water in electroplating rinsing water to achieve zero- or micro-emission.

反渗透系统

反渗透是当今一种先进而有效的脱盐技术。反渗透是一种基于膜分离的水处理技术。其原理是在压力的驱动下，使通过反渗透膜的水变成纯净水。水中的杂质被反渗透膜截留，然后被带走。反渗透技术可有效消除水中的杂质，包括溶解的盐、胶体、细菌、病毒、细菌内毒素和大多数有机物质。反渗透系统的脱盐率通常为95%～99%。

技术优势：

(1) 在室温条件下使用无相变物理方法对水进行脱盐和纯化。

(2) 水处理仅依靠水的压力作为驱动力，与许多其他水处理方法相比，能耗最低。

(3) 再生处理无需使用大量化学试剂、酸和碱。

(4) 不排放废化学液体和废酸或碱，不涉及废酸或碱中和处理工艺，无环境污染。

(5) 操作方便，产品水质稳定。

应用：

(1) 电力工业：锅炉给水。

(2) 电子工业：半导体工业用超纯水。

(3) 食品和制药工业：工艺用水。

(4) 化学工业：工艺用水和废水处理。

(5) 饮用水工程：超纯水制备和饮用水净化。

(6) 石化行业：油田注水和石化废水深度处理。

(7) 海水淡化：岛屿地区、沿海缺水地区、船舶和海上油田的工艺用水和生活用水。

(8) 环境保护部门：在电镀漂洗水中回收贵金属和废水以实现零排放或微排放。

二、离子交换器

（一）认识设备

1.主要结构

离子交换器是利用离子交换树脂对原料水进行纯化处理的制水设备。离子交换树脂是一种人工合成的不溶于水的有机高分子电解质凝胶，具有网状骨架分子结构，骨架上结合着相当数量的活性离子交换基团。离子交换器的主体是离子交换树脂柱，主要由罐体、进出液管、树脂层、底板、布液装置组成。从柱的顶部至底部分别有进水口、上排污口、上布水板、树脂装入口、树脂排出口、下布水板、下排污口、下出水口，其作用分别是：①进水口，用于正常工作和正洗树脂时的进水；②上排污口，用于进水、松动和混合树脂时的排气，逆流再生和反洗时的排污；③上布水板，反洗时防止树脂溢出，保证布水均匀；④树脂装入口，用于进料、补充和更换新树脂；⑤树脂排出口，用于排放树脂；⑥下布水板，防止正常工作时树脂的漏出，保证出水均匀；⑦下排污口，松动和混合树脂时为压缩空气的入口，正洗时用于排污；⑧下出水口，作经交换后水的出口，进入下一步工艺，逆流再生时作再生剂的进口。其外观及结构见图5-3。

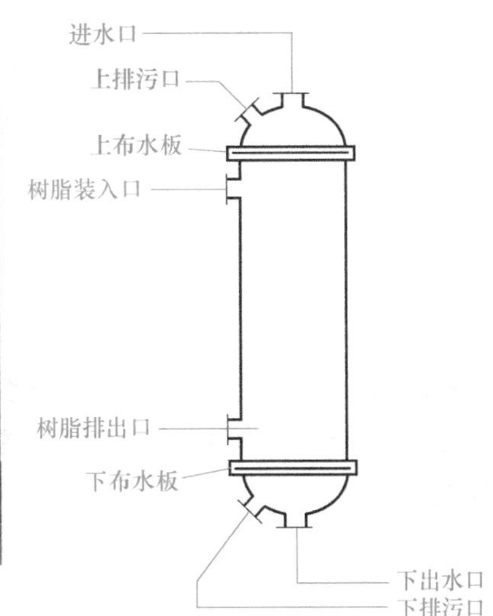

图5-3　离子交换器外观图及结构示意图

2.工作原理

机械过滤可以降低水中的阴阳离子浓度，但金属阳离子和非金属阴离子含量仍超标，故常采用离子交换法进一步脱盐。饮用水通过活性炭过滤、阳离子树脂柱、除二氧化碳器、阴离子树脂柱、混合树脂柱后得到去离子水。离子交换循环操作包括返洗、再生、淋洗和交换四个步骤。

（二）操作设备

离子交换器的操作过程必须严格遵守标准操作规程，具体流程如下。

1.工作流程

（1）开机前准备　开机前需对树脂进行处理，筛选树脂，用8%～10%的NaCl溶液浸泡

20h，然后放掉NaCl溶液，冲洗树脂至水不显黄色为止，然后将树脂装入设备规定高度，装好后进行一次反冲洗，最后正洗。

(2) 开机操作

① 运行，离子交换柱内水位保持一定高度，打开进水阀和排气阀，加满水后关闭排气阀，打开正洗排水阀，至水质合格后关闭正洗排水阀，打开出水阀。

② 再生，当出水水质超标时，离子交换器需再生，再生步骤是：小反洗，进再生液，小正洗。结束后关闭排液阀，开启正洗排水阀进行正洗，待出水水质符合要求时关闭排污阀，打开出水阀，启动运行。

(3) 停机操作　使用结束后关闭电源，调节阀门，控制离子交换柱水位等。

2.注意事项

(1) 树脂再生时，因使用酸碱溶液，需戴好手套、防护眼镜和口罩。

(2) 废旧树脂不得随意处理，需回收进行专业处理。

(3) 树脂使用严格按照树脂使用说明书，不得超限使用树脂。

3.维护与保养

(1) 由于交换剂被压实、污染等影响正常工作，需进行大反洗。

(2) 定期检查设备运转情况，水质化验记录。

(3) 使用前检查电源接线、电器装置、给水泵、计量仪表等是否正常。

(4) 定期检查各交换柱水位，检查各阀门情况。

任务二　注射用水生产设备的使用与维护

在制药领域中，生产注射用水通常选用的设备是重蒸馏设备，而重蒸馏设备是先进、高效、稳定、安全的设备，能有效确保注射用水的安全性，目前常用的重蒸馏设备有气压式蒸馏水器和多效蒸馏水器。

一、气压式蒸馏水器

气压式蒸馏水器利用外界能量（机械能或电能）对二次蒸汽进行压缩，将低温热能转化为高温热能，使二次蒸汽循环蒸发，制备注射用水。其外观如图5-4所示。

图5-4　气压式蒸馏水器外观图

（一）认识设备

1. 主要结构

其结构由自动进水器、热交换器、加热室、列管冷凝器及蒸汽压缩机、泵等组成。气压式蒸馏水器的特点如下。

(1) 在制备注射用水的整个生产过程不需用冷却水。

(2) 热交换器具有热交换节能作用，回收蒸馏水中余热，并对原水进行预热。

(3) 蒸汽经过净化、压缩、冷凝等过程，在高温下停留约45min以保证蒸馏水无菌、无热原。

(4) 自动化程度高，当机器运行正常后，即可实现自动化控制。

(5) 产水量大，工业用气压式蒸馏水器的产水量在$0.5m^3/h$以上，最高可达$10m^3/h$。

(6) 气压式蒸馏水器的不足之处是：有传动和易磨损部件，维修工作量大，而且调节系统复杂，启动慢，有噪声，占地面积大。

2. 工作原理

气压式蒸馏水器的工作原理是纯化水被蒸馏水预热后，与循环水混合，雾化喷洒在蒸发器的管束上，对整个蒸发器使用蒸汽加热。雾化水进行蒸发成为纯蒸汽，剩余未蒸发的水进入收集器进行再次循环。蒸汽在蒸发器中形成并通过压缩机压缩，产生120℃的过热蒸汽，过热蒸汽进入蒸发器管束后与新进的原水进行热交换，并冷凝成注射用水，最后收集进入注射用水储罐。其原理如图5-5所示。

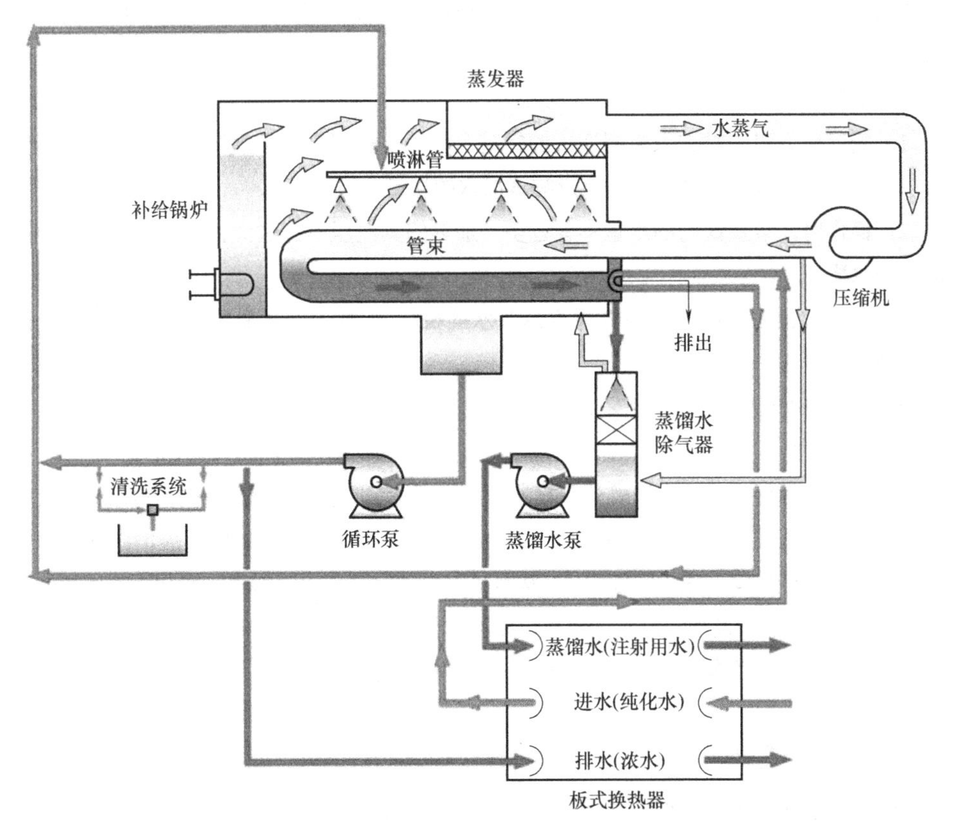

图5-5　气压式蒸馏水器工作原理示意图

（二）操作设备

气压式蒸馏水器的操作过程必须严格遵守标准操作规程，具体流程如下。

1.工作流程

（1）开机前准备

① 检查原料水、冷却水和压缩空气供给等是否充足。

② 检查各管道、阀门是否正常。

③ 检查电源和各仪表通电是否正常工作。

（2）开机操作

① 启动设备，将纯化水输入换热器中预热。

② 开启蒸汽加热器，汽化原料水，产生二次蒸汽，经隔沫装置除雾沫和液滴。

③ 二次蒸汽被压缩机压缩，温度升高到120℃，送入蒸发冷凝器进行热交换。

④ 高温压缩蒸汽冷凝生成的冷凝水经不凝性气体排除器，除去CO_2、NH_3等不凝性气体，纯净的蒸馏水经泵送入热交换器，回收余热并预热原料水，最后成品水由蒸馏水出口送出。

（3）停机操作

① 关闭蒸馏水器控制面板上的启动按钮，设备按程序关机，关闭原料水泵、原料水气动阀门等。

② 待设备完全停机后，切断电源，控制面板电源红色指示灯灭，整机断电。

③先后关闭纯化水管道阀门、冷却水管道阀门、蒸汽管道总阀门、压缩空气管道总阀门。

2.注意事项

（1）安装设备时，对进入装配连接的管道、管件及阀门等，必须清洗干净，严禁污染物进入，以免造成堵塞或因进入杂质而影响蒸馏水的质量。

（2）操作时，蒸发锅内的水量不宜过多，加热的蒸汽压不宜过大，以免雾滴窜入冷凝器内而影响水质。

（3）生产过程中，应定时取样检查蒸馏水的pH、氯离子、重金属及氨等项内容，确保控制蒸馏水的质量。

（4）必须遵循标准操作程序操作。

3.维护与保养

（1）在设备运行中，检查蒸发器及出水阀门的排水效果，并视情况进行清洗或更换。

（2）气压式蒸馏水器长时间运行后，如生产能力下降或水质降低时，应清洁设备。如长期运行或较长时间停车，需进行消毒。方法是正常启动后，关闭原料水、冷却水，使蒸汽冲入各蒸发器、预热器、冷凝器，经蒸馏水出口和不凝气体出口排出，重复上述操作多次即可。

（3）定期检查设备内的陈留污水和杂质并清洗干净。

二、多效蒸馏水器

多效蒸馏水器由多个蒸馏水器单体串接而成。各蒸馏水器可以垂直串接，也可以水平串接，每个蒸馏水器单体即为一效，多效蒸馏水器的效数通常是三至六效，其性能取决于加热蒸汽的压力和效数，压力越大，产水量越大，热能利用率越高。多效蒸馏水器根据其结构可分为列管式、盘管式两种类型，根据除沫器的分离方式不同可分为丝网分离式、内螺旋分离式、外螺旋分离式三种形式。其外观如图5-6。

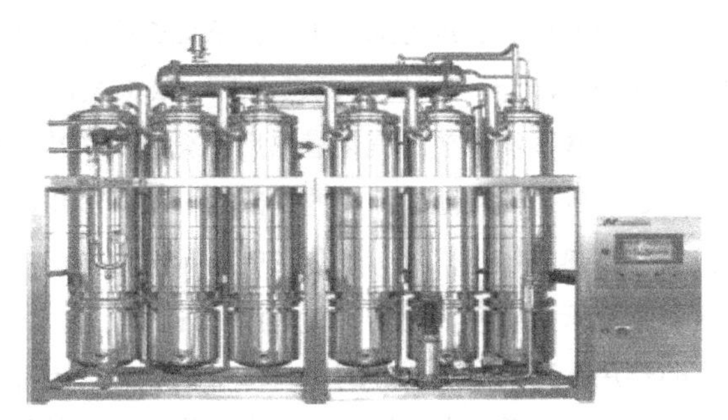

图5-6　多效蒸馏水器外观图

（一）认识设备

1. 主要结构

以列管式六效蒸馏水器为例，主要由蒸发器、汽水分离装置(除沫器)、预热器、冷凝器、机架组成，蒸发器并列一排，冷凝器横向排列在上方。其特点是蒸发器采用垂直列管式降液膜蒸发原理，外加特殊结构的原料水分布器，使原料水在管内成膜状均匀流动，消除由于局部原料水分布不均而造成的干壁现象，大大提高了蒸发效率。其结构如图5-7。

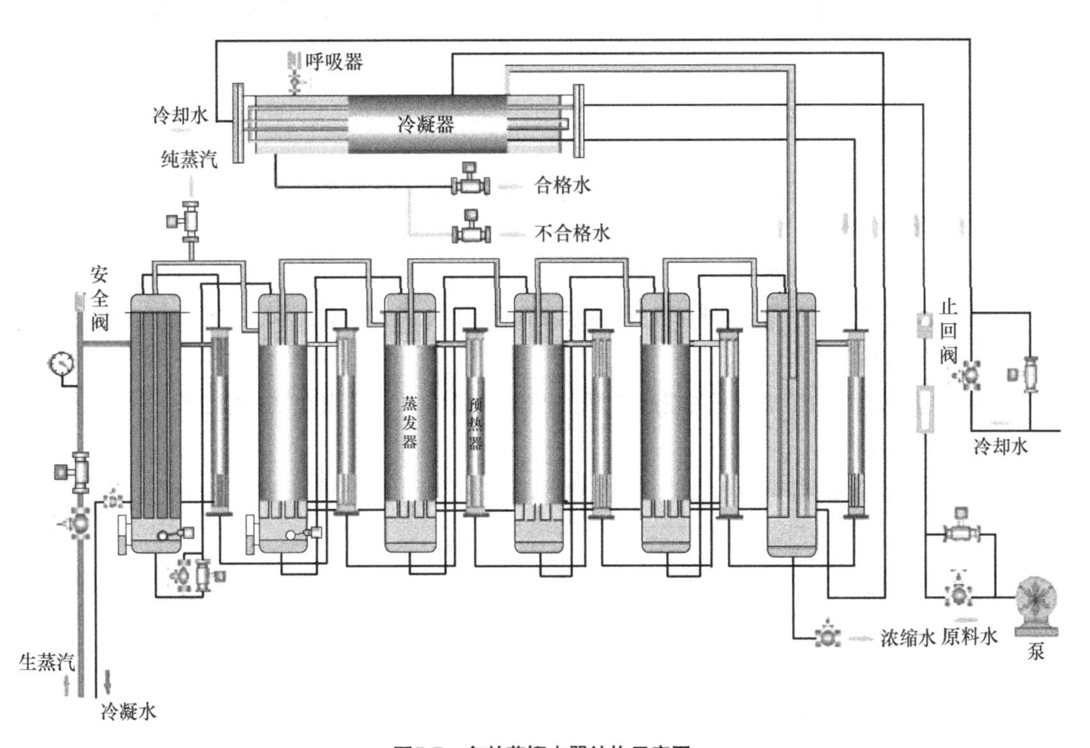

图5-7　多效蒸馏水器结构示意图

2. 工作原理

纯化水由多级泵经流量计送入冷凝器管，通过管壁对壳程内来自末效的二次纯蒸汽进行冷凝而自身被加热，之后依次进入第六、五、四、三、二、一预热器管程被壳程的汽凝水再次加热，出第一预热器后进第一效蒸发器原料水分布器，被均匀地分布淋洒在蒸发管的内壁面上端，原料水成膜状液体沿着蒸发管内壁面由上向下流淌，在流淌过程中不断接受通过管壁传给的一次蒸汽汽化潜热而不断地蒸发，未被蒸发的原料水流到器底被效间压力差动力送入第二效蒸发器的原料水分布器中再次进行如上工作，依此类推至末效，末效未被蒸发的原料水(浓缩水)经末效器底排放管排出，一次蒸汽进入第一效蒸发器壳程，通过蒸发管管壁对管内的原料水进行蒸发，一次蒸汽释放出汽化潜热后冷凝成一次冷凝水，之后进入第一预热器壳程，一次冷凝水用自身的显热和随之而来的少部分一次蒸汽用汽化潜热对管程中的原料水进行加热，之后由第一预热器排出，第一效蒸发的新蒸汽称为二次蒸汽，二次蒸汽和未被蒸发的原料水经分离器导流管由上向下流动，由于流动速度较大，因此蒸汽中的雾沫在自身惯性力和重力加速度的作用下冲入蒸发器底的原料水中被收集，一部分颗粒较小的雾沫伴随着二次蒸汽流动，经绕流板后由垂直向上流动改变为环绕导流管外壁的螺旋流动，在流动管程中由于气流扰动加剧，使小颗粒雾沫相互碰撞，在水分子的引力下合并长大，较大颗粒的雾沫在离心力作用下撞在分离室的筒体壁面上而被收集，其余的雾沫则被高效气液分离网收集，通过高效气液分离网的二次蒸汽已属于高纯蒸汽，高纯蒸汽进入第二效壳程作蒸发操作，而自身却冷凝成蒸馏水(注射用水)，蒸馏水进入第二效预热器壳程用其余热对管程中的原料水进行加热，之后便进入下一效预热器，依此类推至末效，各效的加热蒸汽均属于其上效产生的高纯度的二次蒸汽，末效产生的高纯度的二次蒸汽不再作蒸发操作而直接冷凝，冷凝后的末效冷凝水在冷凝器内与来自各效的冷凝水汇合，经冷凝器的蒸馏水排出口进入注射用水储罐。

（二）操作设备

1.工作流程

六效蒸馏水器的操作过程必须严格遵守标准操作规程，具体流程如下。

(1) 开机前准备

① 检查原料水、生蒸汽、冷却水和压缩空气供给是否充足。

② 先后开启生蒸汽管道总阀门、纯水泵及管道阀门、冷却水管道阀门、空气压缩机，并且压力升至0.6MPa。

③ 合上控制箱内断路器开关接通电源，电源红色指示灯亮，各仪表通电工作。

(2) 开机操作

① 启动蒸馏水器控制面板上的启动按钮，设备各仪表、泵、阀门自动匹配运行。

② 启动设备程序后，生蒸汽气动阀门自动打开。

③ 设备自动运行，生蒸汽阀门打开预热1min，水泵出口流量计读数符合要求，原料水手动阀门适当开启稳定原料水流量。

④ 设备正常运行后，蒸馏水出口温度控制在90～99℃之间。

⑤ 灭菌时，启动蒸馏水器控制面板上纯蒸汽按钮。纯蒸汽气动阀门开启并向车间输送纯蒸汽，进行管道及储罐高温纯蒸汽灭菌消毒。

⑥ 运行中随时观察并调整生蒸汽压力在0.2～0.5 MPa范围内。手动阀门全开，旁通手动阀门适量开启，呼吸器手动阀门适当开启。浓缩水手动阀门应适量开启，确保浓缩水排放通畅。生蒸汽凝水手动阀门应适量开启，确保生蒸汽凝水排放通畅。

（3）停机操作

① 关闭蒸馏水器控制面板上的启动按钮，设备按程序关机，原料水泵、原料水气动阀门、生蒸汽气动阀门同时关闭。冷却水手动阀门延时2min后关闭。

② 待设备完全停机后，拉下控制箱内断路器手柄切断电源，控制面板电源红色指示灯灭，整机断电。

③ 先后关闭纯水管道阀门，冷却水管道阀门，生蒸汽管道总阀门，压缩空气管道总阀门。

2.注意事项

（1）操作人员应确认纯化水储罐中有足够运行的水量。

（2）确认三相电源不断相。

（3）确认纯化水不偏酸或不偏碱，不偏氯，如果以上三项严重超标，不能开机运行，否则机器会严重损坏，甚至报废。

（4）用水清洗设备表面时，电控装置做好防护。

3.维护与保养

（1）设备运行过程，关注一次蒸发器及一效预热器疏水阀门的排水效果，并视情况进行清洗或更换疏水阀门。

（2）根据设备最高工作压力设置安全阀门压力，定期提拉安全阀门手柄检查阀门效果。

（3）蒸馏水器在长时间运行后，如果生产能力或水质下降时，检查换热管表面是否沉积污垢，如有污垢立即停机清洗。

（4）蒸馏水器长期运行后或较长时间停车重新开车时，应进行消毒。具体操作方法是：按正常操作方法启动后，使其正常运行，然后关闭原料水、冷却水，使蒸汽冲入各蒸发器、预热器并通过蒸馏水管道进入冷凝器，经蒸馏水出口及不凝气排出口排出，重复上述操作多次即可。

（5）定期取样检查蒸馏水的pH、氯离子、重金属及氨等项内容，保证蒸馏水的质量。

课堂
笔记

任务实施　制药用水的制备

【学习情境描述】

按照制药企业的用水要求和操作规程进行制药用水的生产。

【学习目标】

1. 通过理论学习掌握设备的结构、原理和正确操作。

2. 在教师的指导下，利用仿真实训软件，完成纯化水和注射用水的生产。

【获取信息】

引导问题1：在下图的方框里填入二级反渗透设备各部件名称。

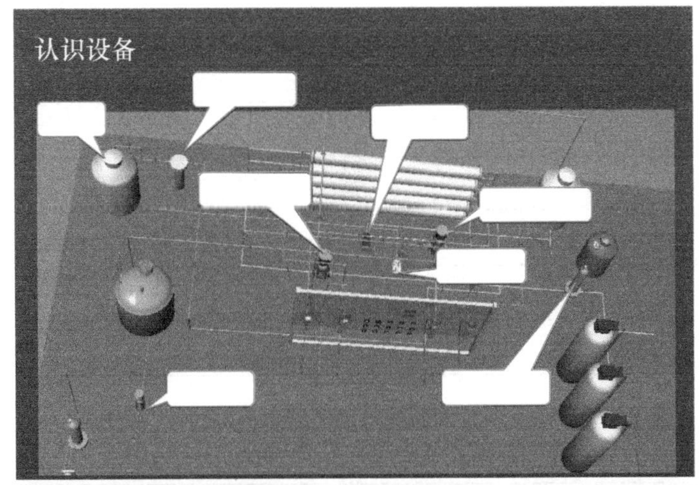

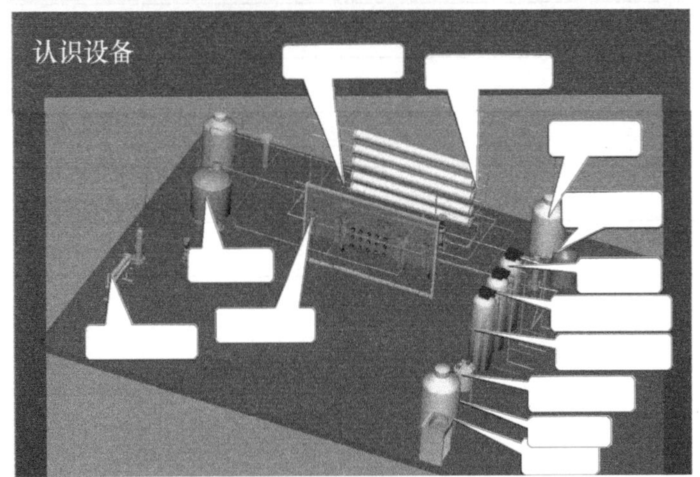

引导问题2：活性炭过滤器的主要功能是什么？

____

引导问题3：什么情况下不需要进行活性炭反冲洗操作？

____

引导问题4：如何进行活性炭反冲洗?

引导问题5：如何正确操作二级反渗透制水设备?

模块评价

一、单项选择题

1. 反渗透膜渗透特点是（　　）。

A. 只容许透过阳离子　　B. 只容许透过阴离子

C. 透过溶质，不透过水　　D. 只透过水，基本不透过溶质

2. 我国药典规定注射用水为（　　）。

A. 饮用水　　B. 软水　　C. 蒸馏水　　D. 反渗透水

3. 纯化水的制备通常不包括（　　）。

A. 前处理　　B. 脱盐　　C. 后处理　　D. 反渗透

4. 纯化水脱盐工序不包括（　　）。

A. 电渗析　　B. 反渗透　　C. 离子交换　　D. 保安过滤

二、多项选择题

1. 2010版GMP将空气洁净度级别分为（　　）。

A. A级　　B. B级　　C. C级　　D. D级

2. 空气过滤器按过滤效率可分（　　）。

A. 初效过滤器　　B. 中效过滤器

C. 高中效过滤器及亚高效过滤器　　D. 高效过滤器

3. 空气过滤器按过滤材料可分为（　　）。

A. 滤纸过滤器　　B. 纤维层过滤器

C. 泡沫材料过滤器　　D. 金属材料过滤器

课堂
笔记

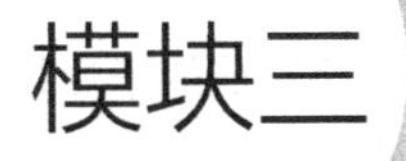

固体制剂生产设备

学生通过学习散剂生产设备、颗粒剂生产设备、胶囊剂生产设备、片剂生产设备等内容，学会正确操作常用的口服固体制剂生产设备，并能解决使用过程中出现的常见问题。

思政导言

药品作为一种特殊的商品，其质量安全直接关系着人民群众的身体健康和生命安全，可以说确保药品安全就是最大的民生。药企是药品安全的第一责任人，而技术人员则是直接参与者，药物制剂的每一道生产工序都要严格把关才能生产出人民放心的“良心药”。

知识要求

1. 掌握片剂的生产工艺流程，常用口服固体制剂生产设备的主要结构、正确操作和维护保养。
2. 熟悉片剂生产设备的工作原理和主要特点。
3. 了解其他口服固体制剂生产设备的正确操作和使用。

能力要求

1. 会正确使用常用的口服固体制剂生产设备。
2. 能解决口服固体制剂生产过程中出现的常见问题。

项目六 散剂生产设备的使用与维护

散剂（Powders）也称粉剂，系药物与适宜的辅料经粉碎、均匀混合而制成的干燥粉末状制剂，可供内服或外用。散剂的生产设备主要有干燥设备与粉碎、过筛、混合设备。

任务一　干燥设备的使用与维护

干燥是借助热能使物料中的湿分（水分或其他溶剂）汽化（蒸发或升华），并利用气流或真空将汽化了的湿分移除的单元操作。干燥操作广泛应用于原辅料、中药材、制剂中间体以及成品、生物制品的制备过程。干燥设备按照操作方式可分为间歇式干燥和连续式干燥两种，工业上常用自动化程度高、产量大的连续式干燥设备；按操作压力可分为常压干燥和真空干燥；按加热方式可分为直接加热干燥和间接加热干燥；按热能传递方式可分为传导干燥、对流干燥、辐射干燥和介电加热干燥。

一、厢式干燥器的使用与维护

厢式干燥器主要是以热风与湿物料表面进行传质而达到干燥的目的。优点：结构简单、设备投资少、适应性强。缺点：每次操作都要装卸物料，劳动强度大，设备利用率低。

（一）认识设备

1. 主要结构

厢式干燥器主要由厢体、风机、加热系统、物料盘、电器控制箱等组成，小型的称为烘箱，大型的称为烘房。如图6-1、图6-2所示。

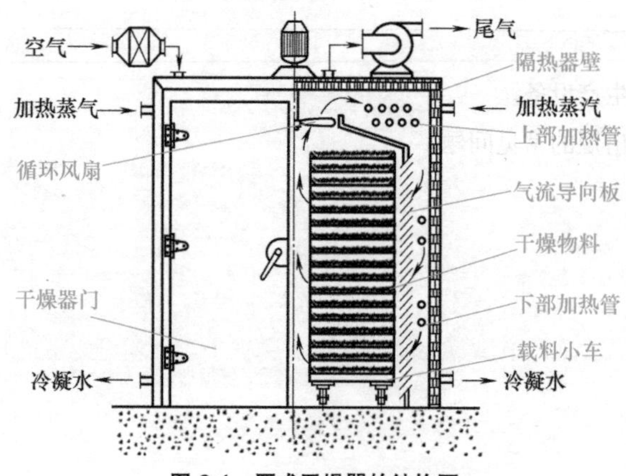

图 6-1　厢式干燥器的结构图

图6-2　厢式干燥器外观图

2. 工作原理

厢式干燥器一般为间歇操作，主要以电能或蒸汽作为热源，利用空气作为加热介质加热物料盘内的物料，从而达到干燥的目的。

3. 干燥特点

（1）结构简单，操作方便，适用性广。

（2）物料不易破损，较少产生粉尘。

（3）干燥时间较长，效率较低。

（4）物料干燥不均匀，劳动强度大。

（二）操作设备

请扫二维码查看，视频由南京药育智能科技有限公司提供。

1.烘箱的操作

1. 使用方法

（1）检查机器状态标识牌，打开电源，电源指示灯亮。

（2）打开风机，注意风机转向是否正确。

（3）温度测量，显示烘箱内的温度。

（4）温度恒温控制设定，打开加热旋钮。

（5）物料装盘上车，推入烘箱干燥。

（6）干燥结束，关闭加热系统，待降温至安全温度以下。

（7）关闭风机、关闭电源，取出物料，更换标识牌。

2. 维护保养

（1）日常生产中，检查蒸汽管路和门密封是否有漏气情况，若有则应立即修理。

（2）运行时，若有异常现象或控制柜报警系统报警，应停机检查。

（3）机器长期搁置后首次使用或使用每隔6个月，应更换风机中的润滑油。

（4）机器每年应做一次保养。

二、真空干燥器

真空干燥的过程是将被干燥物料放置在密闭的干燥室内，然后对其抽真空，抽真空的同时对被干燥物料不断加热，使湿分挥发。由于真空状态下湿分的沸点较低，所以干燥温度不高。适用于热敏性、易氧化物料。

（一）认识设备

1. 主要结构

真空干燥器主要由干燥箱体、加热搁板、真空泵、物料托盘等构成。如图6-3所示。

2. 工作原理

真空干燥是在负压条件下进行的，工作时，在托盘中均匀撒放被干燥物料，再将托盘置于搁板上，然后关闭箱门抽真空，加热。加热介质进入搁板内层，物料靠直接热传导从搁板接受热量，物料升温后水分汽化，实现干燥。

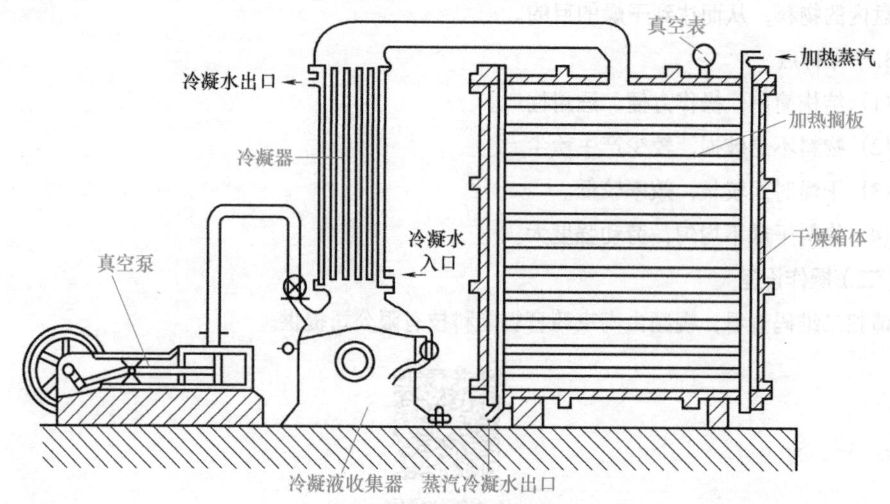

图6-3 真空干燥器结构图

3.干燥特点

(1) 干燥过程中物料的温度低，无过热现象，水分易于蒸发，干燥产品可形成多孔结构，有较好的溶解性、复水性，有较好的色泽和口感。

(2) 干燥产品的最终含水量低，疏松且易于粉碎，质量有保证。

(3) 干燥时间较短，速度较快，适用于不耐高温的物料干燥。

(4) 干燥时所采用的真空度和加热温度范围较大，通用性好。

(5) 设备投资和动力消耗高于常压热风干燥。

（二）操作设备

1.使用方法

(1) 干燥器、烘盘须经清洁处理，然后放入装有物料的烘盘，关上密封门，旋紧手轮。(抽真空以后，密封门贴紧干燥器，旋紧的手轮会掉，这时请不要旋紧手轮，以免真空撤去后，密封门反弹损坏手轮与螺杆。)

(2) 烘架通入蒸汽，加热至所需干燥温度。

(3) 如有灭菌要求，干燥器内部及物料须经灭菌处理。

(4) 接通真空泵冷却水，启动真空泵，使系统达到与所选用的真空泵相适应的真空度，此时物料进行干燥（注：由于在真空条件下，气体分子运动十分不活跃，真空干燥器上的温度计不能显示物料的真实温度，只能表示物料的相对温度。要正确测量物料温度，可选用玻璃棒留点温度计或铂热电阻温度传感器测温)。

(5) 在满足加热温度、真空度等条件下，按干燥相关物料的工艺、经验决定干燥周期。

(6) 关机，步骤如下：

① 加热系统全停。

② 停真空泵。

③ 打开放空阀。

④ 打开贮槽溶剂排放阀，放完全部溶液。

⑤ 待真空表指针恢复到“0”位后，打开真空干燥器密封门。

⑥ 取出干燥物料。

2.维护保养

(1) 若真空干燥器长期不用，应将露在外面的电镀件擦拭净后涂上中性油脂，以防腐蚀，并将塑料膜防尘罩装上，放置于干燥室内，以免电器元件受潮损坏，影响使用。

(2) 真空泵不能长期工作，因此当真空度达到要求时，应先关闭真空阀，再关闭真空泵电源，待真空度小于干燥物品要求时，再打开真空阀及真空泵电源，继续抽真空，这样可以延长真空泵的使用寿命。

三、流化床干燥器

流化床干燥又称为沸腾干燥，是20世纪60年代发展起来的一种干燥技术。

(一)认识设备

1.主要结构

主要由干燥室、物料捕集室、加热系统、过滤系统等组成。如图6-4所示。

2.工作原理

流化床干燥器的工作原理是散粒状固体物料由加料器加入流化床干燥器中，过滤后的洁净空气经加热后由鼓风机送入流化床底部经分布板与固体物料接触，形成流化态，达到气固的热质交换。物料干燥后由排料口排出，废气由沸腾床顶部排出，经旋风除尘器和布袋除尘器回收固体粉料后排空。

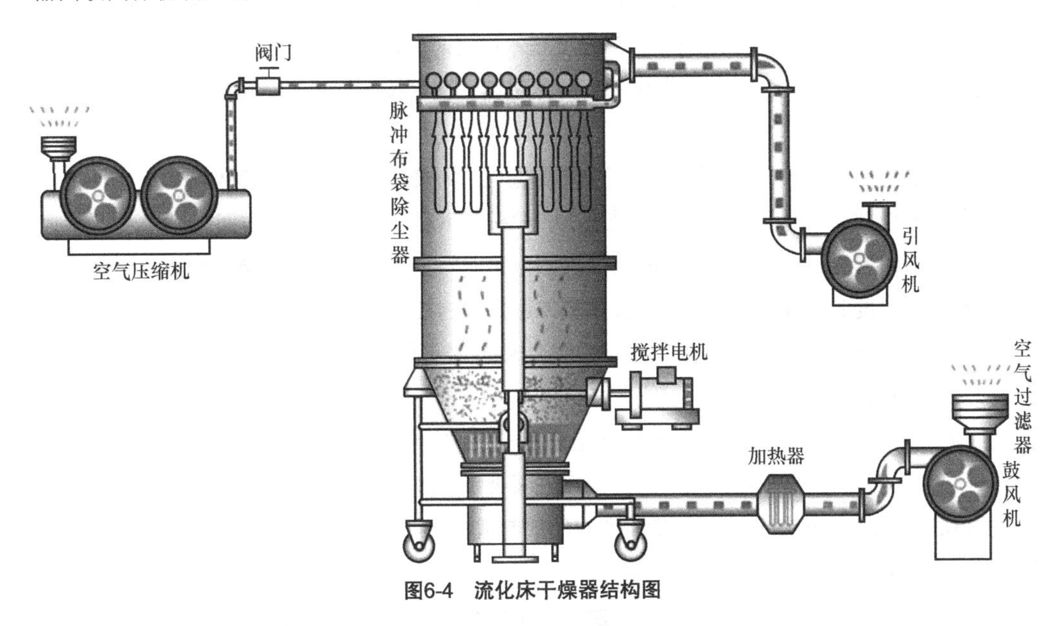

图6-4 流化床干燥器结构图

3.干燥特点

(1) 在流化床干燥设备内流体与固体颗粒充分混合，表面更新机会多，大大强化了两相间的传热和传质，因而床层内温度比较均匀。同时，具有很高的热容量系数（或体积传热系数），生产能力大，最大每小时可干燥几百吨的物料。

（2）流化床干燥设备与老式的厢式干燥设备或回转筒干燥设备相比，具有物料停留时间短、干燥速率大的优点；对于某些热敏性物料的干燥也较为合适。

（3）设备简单、便于制造、维修方便、且易于设备放大。

（4）物料在流化床干燥设备内的停留时间可按工艺生产要求进行调整。在产品含水量要求变化或原料含水量有波动时，均可适当调整。

（5）在同一设备内，即可连续产生操作，又可进行间歇操作。

（二）操作设备

请扫二维码查看，视频由南京药育智能科技有限公司提供。

2. 沸腾干燥器的操作

1. 使用方法

（1）从准备好的湿料中取出多于10 g的物料，拿去用快速水分测定仪测进干燥器的物料湿度W_1。

（2）启动风机，调节流量到指定读数。接通预热器电源，将其电压逐渐升高到100 V左右，加热空气。当干燥器的气体进口温度接近60℃时，打开进气阀，关闭放空阀，调节阀使流量计读数恢复至规定值。同时向干燥器通电，保温电压大小以在预热阶段维持干燥器出口温度接近于进口温度为准。

（3）启动风机后，在进气阀尚未打开前，将湿物料倒入料桶，准备好出料接收桶。

（4）待空气进口温度（60℃）和出口温度基本稳定时，记录有关数据，包括干、湿球湿度计的值。启动直流电机，调速到指定值，开始进料。同时按下秒表，记录进料时间，并观察固粒的流化情况。

（5）加料后注意维持进口温度T_1不变、保温电压不变、气体流量计读数不变。

（6）操作到有固料从出料口连续溢流时，再按一下秒表，记录出料时间。

（7）连续操作30min左右。此期间，每隔一定时间（例如5min）记录一次有关数据，包括固料出口温度T_2。数据处理时，取操作基本稳定后的几次记录的平均值。

（8）关闭直流电机旋钮，停止加料，同时停秒表记录加料时间和出料时间，打开放空阀，关闭进气阀，切断加热和保温电源。

（9）将干燥器的出口物料称重和测定湿度W_2（方法同W_1）。放下加料器内剩余的湿料，称量，确定实际加料量和出料量。并用旋涡气泵吸气方法取出干燥器内的剩料，称量。

（10）停风机，一切复原（包括将所有固料都放在一个容器内）。

2. 维护保养

（1）每月检查引风机、气动元件一次；整机每半年检修一次。

（2）机器保持清洁，设备工作完毕后，对其工作场地及设备进行彻底清场；引风机应清洁保养，定期润滑；气动系统的空气过滤器应定期清洁，气动阀活塞应完好可靠；空气过滤器应每隔半年清洗或更换滤材；温度感应器、压力表每半年检查一次，保证准确性。

四、喷雾干燥器

（一）认识设备

1. 主要结构

主要由雾化器、干燥室、加热器等组成。如图6-5、图6-6所示。

2. 工作原理

在干燥塔顶部导入热风，同时将料液送至塔顶部，通过雾化器喷成雾状液滴，这些液滴群的表面积很大，与高温热风接触后水分迅速蒸发，在极短的时间内便成为干燥产品，从干燥塔顶部进入的热风与液滴接触后温度显著降低，湿度增大，作为废气由排风机抽出，废气中夹带的微粒用分离装置回收。

3. 干燥特点

（1）干燥速度快，适于连续大规模生产。

（2）在恒速阶段液滴的温度接近于使用的高温空气的湿球温度，物料不会因高温空气影响其产品质量，产品具有良好的分散性、流动性和溶解性。

（3）生产过程简单，操作控制方便，容易实现自动化。

（4）由于使用空气量大，干燥容积变大，容积传热系数较低。

（5）废气含尘量低，生产环境好。

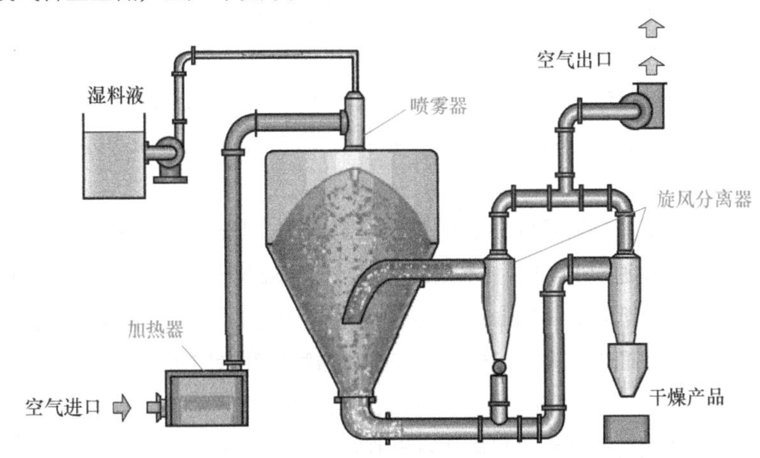

图6-5 喷雾干燥器结构图

图6-6 喷雾干燥器外观图

（二）操作设备

使用方法如下。

（1）准备　待喷雾的物料需要经过均质机彻底乳化均质并过80目筛网（以免堵塞雾化器及管道），置于不锈钢桶中备用。另外接一桶纯化水用于清洗雾化器及喷雾腔体。安装好蠕动泵的料管，夹牢，进料口前端用8个螺母套牢（防止飘起来吸入空气），放入料桶中备用。

（2）检查　检查连接除湿机和集料桶的管道上面的蝶阀是否都处于打开状态，喷雾塔上的风门应处于全开状态，喷雾舱门应关牢，各连接管道的快装卡箍应安装正确，空气压缩机的出气阀应打开，排空阀关闭，空压管连接良好。

（3）开机工作程序　按下除湿机的开关，闭合喷雾干燥机的空气开关，调整空压机出气压力（拔出黑色按钮调整好后按下即可），顺时针旋转松开红色急停按钮，打开液晶操作画面，等待15s自动进入操作界面，设置工艺参数：设定温度、时间等。开机先打开引风机、除湿机、电加热开关（电加热开自动按钮，否则温度到了设定温度不会停掉还会继续加热），对系统进行预热，照明灯可以常开，待监测进风温度到达设定温度，出风温度达到80～90℃之间并且温度比较稳定时，打开雾化器30s，然后再打开界面中的蠕动泵开关，调整转速至12～18之间（根据物料调节），前期蠕动泵开慢点，不要将料管暴露于空气中引入空气（雾化器温度高，缺乏新料冷却会使少量料液迅速干燥，堵塞雾化器），雾化器上方向箭头指向“→”，在雾化器上按下“Start”键，开始蠕动上料。待物料进入雾化器开始喷雾时，打开震击器（双气锤），观察雾化情况以及出风温度，若出风温度高于90℃，则可以缓慢调节蠕动泵转速（每次0.5～2），继续观察出风温度，看是否稳定，出风温度下降至86～88℃稳定住即是正常喷雾流速（取决于物料黏稠度、固形物含量等因素），始终观察出风温度，调节最佳物料流速。

（4）关机程序　所有物料吸尽后立即把进料管头投入清洗水桶中，用纯化水喷雾来清洗雾化器，调整蠕动泵转速至15左右（水无固形物，比较难喷干），5min后观察上料管路是否被自来水清洗干净，再运转2～3min直至雾化器清洗干净为止。关掉蠕动泵，打开泵上的夹子使得里面的水倒流回桶内。等3～5min，待雾化器喷完残余的水后，即可关闭雾化器，无雾出现的时候可以关闭电加热及震击器，等待自然冷却下来。进风温度到达150℃以下时可以打开舱门，用空压枪头对准里面有料堆积的地方吹，注意各个死角，对准底部管道弯头处喷气使料通过旋风分离器得以回收，吹干净粉料后关掉舱门，吹料1min后关掉引风机及除湿机。关掉出料口蝶阀，取下集料器，倒出粉料装袋防潮。

（5）清洗喷雾塔　拧松集料器右边管道上的快装卡箍，再拆掉喷雾塔底部的卡箍，即可把这节料管旋转至一边，喷雾塔底部放一个大盆收集料水。开启雾化器及蠕动泵，进料软管放入清洗桶中吸水，按下“Start”键开始蠕动吸水，等开始喷雾后迅速调节转速至100，最大量喷水清洗雾化器及内部舱壁3～5min。按操作流程，先关掉蠕动泵放掉料管中的水，2min后关闭雾化器，再按下急停键关机并关掉控制柜里的空气开关。打开舱门，接一水管冲洗内部舱壁不干净的地方，注意不要把水冲到顶部雾化器边上的孔内（防止水倒灌入加热器中），把内壁彻底冲洗干净。

（6）清洗周围配件　拆下旋风分离器连接的两截料管，出料口蝶阀、集料器、卡箍、硅胶垫片，全部清洗干净后晾干。清洗旋风分离器时，先拆除周边连接配件，然后一定要关掉除湿机的出口蝶阀（以免水倒灌至除湿机内），用水管对准分离器入口处冲水，出料口用水盆接住水以免溅入除湿机中烧坏电机，多角度重复冲洗几次，直至流出的废水无色澄清为止，全部配件干燥后装上管道。

五、冷冻干燥器

（一）认识设备

1. 主要结构

主要由压力表、蒸发器、节流阀、冷凝器、冷却器等组成。如图6-7所示。

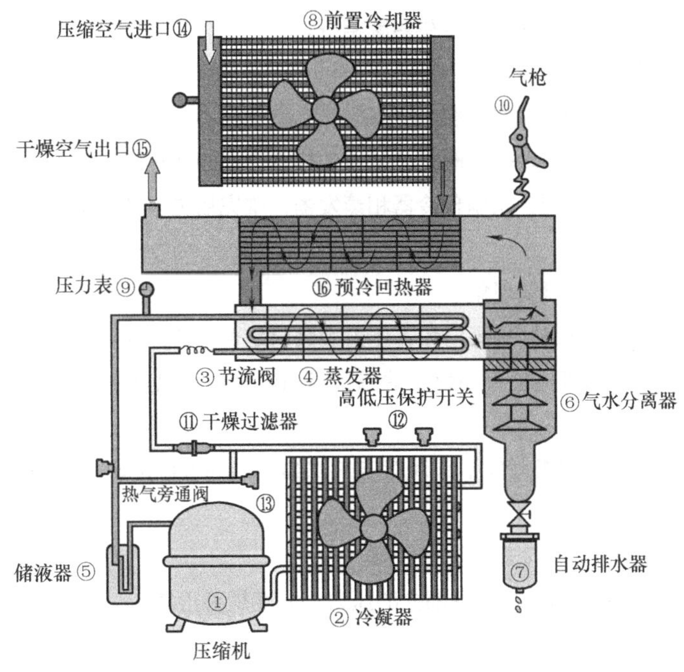

图6-7　冷冻干燥器

2. 工作原理

将待干燥的水溶液置于干燥室内预冻，温度调节至最低共熔点以下，使其冷冻完全后抽真空，利用冰的升华性除去水分，达到干燥目的。

3. 工作过程

潮湿高温的压缩空气流入前置冷却器（高温型专用）散热后流入热交换器与从蒸发器排出来的冷空气进行热交换，使进入蒸发器的压缩空气的温度降低。

换热后的压缩空气流入蒸发器通过蒸发器的换热功能与制冷剂热交换，压缩空气中的热量被制冷剂带走，压缩空气迅速冷却，潮湿空气中的水分达到饱和温度迅速冷凝，冷凝后的水分经凝聚后形成水滴，经过气水分离器高速旋转，水分因离心力的作用与空气分离，分离后水从自动排水阀处排出。

降温后的冷空气流经空气热交换与入口的高温潮湿热空气进行热交换，经热交换的冷空气因吸收了入口空气的热量提升了温度，同时压缩空气还经过冷冻系统的二次冷凝器与高温的冷媒再次热交换使出口的温度得到充分的提高，确保出口空气管路不结露。同时充分利用了出口空气的冷源，保证了机台冷冻系统的冷凝效果，确保了机台出口空气的质量。

4.干燥特点

（1）产品质量稳定，质地疏松，溶解性好。

（2）特别适用于生物制品等热敏性药物的干燥。

（3）设备投资费用大，产品成本高，价格贵。

（二）操作设备

1.使用方法

（1）启动前准备工作

① 检查电源电压和空气压力是否与铭牌相符。

② 全开旁路阀，关闭干燥器进出口阀。

③ 给干燥器送电(此时油加热器自动接通)。

④ 打开气水分离器的手动排放阀，关闭自动排水器前的截止阀。

⑤ 打开一点空气进口阀，吹刷预冷器和蒸发器，吹完后关手动排水阀，打开自动排水器前的截止阀。

⑥ 检查空气系统有无泄漏现象。

⑦ 检查制冷系统各管路连接阀门和各压力表阀门是否打开，并检查是否泄漏。

⑧ 对于半封闭压缩机应检查油位和油温，当曲轴箱底部温度高于40℃时，才能启动干燥器。

⑨ 有一些全封闭压缩机筒体下部装有电加热器，当环境温度较高时需事先送电，加热2h后再启动压缩机。

⑩ 对于水冷凝器应打开冷却水进出口阀。

（2）启动　启动干燥器，检查各部分的压力、温度是否正常。

（3）停机

① 打开旁路阀。

② 关闭空气进出口阀（如停机时间较短，而压缩空气温度不高于40℃时，可不关闭此阀门）。

③ 停止干燥器运行。

④ 根据停机时间长短，确定是否切断冷却水和电源。

2.维护保养

（1）检查冷凝压力是否在1.3～1.5MPa范围内。对于半封闭式压缩机，如果不发生跑油现象，冷凝压力可小于1.3MPa，以节约能源。

（2）检查蒸发压力是否在0.36～0.40MPa之间。

（3）检查自动排水器排水情况，根据季节调整排水器的排水周期和排水时间。定期清洗自动排水截止阀后的过滤网。

（4）检查气源压力不应小于0.6MPa，温度不应大于40℃。

（5）检查半封闭压缩机曲轴箱的油位。

（6）检查半封闭压缩机油分离器的回油情况。

（7）检查半封闭式压缩机油压是否正常，油压一般应比蒸发压力大0.15 MPa。

（8）检查冷却水的水温。

六、微波干燥器

（一）认识设备

1. 主要结构

微波干燥设备主要由直流电源、微波发生器、微波干燥器等组成。如图6-8、图6-9所示。

2. 工作原理

利用微波的电磁感应或红外线辐射效应，对物料实施加热干燥处理。与其他外部加热干燥法不同的是，这种干燥方法是从物料外部、内部同时均匀加热的方法，因此，这种干燥处理方法时间短，不会因过热变质或焦化，其干燥制品的质量好。

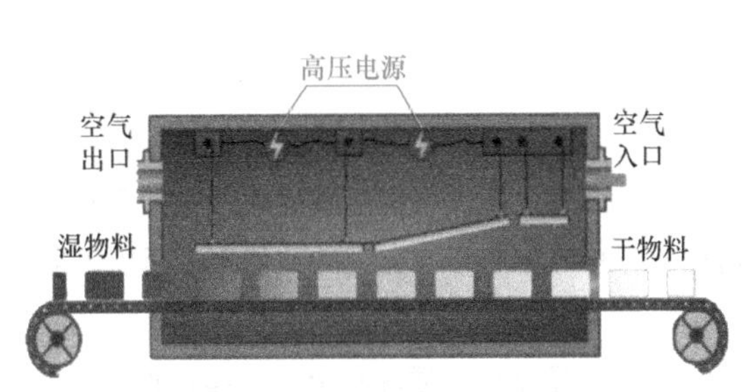

图6-8 微波干燥器工作原理图

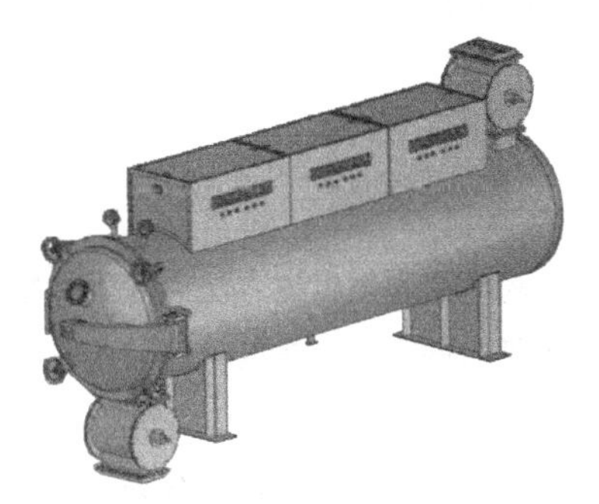

图6-9 微波干燥器外观图

（二）操作设备

1. 操作方法

（1）首先对各紧固件进行检查和紧固。

（2）对各润滑部位进行观察擦拭、加油。

（3）对各转动部件用肉眼检查和手盘动确定是否转动灵活。

（4）观察传送带是否松动或跑偏；三角带是否松弛或拉裂等。

（5）打开炉门，检查和清扫箱体内杂物或金属件，并认真仔细观察各连接缝隙中螺栓是否松动。

（6）开机时严禁打开炉门，关好炉门，使其紧贴门框。

（7）开启冷却水泵，检查磁控管等冷却水系统是否有滴漏现象。

（8）检查自动调偏系统是否正常；调偏装置是否转动灵活。

（9）检查下料机构供给是否正常，严禁没有物料开启微波。

（10）合上控制室中央控制器总电源，看各配合控制柜是否三相电源接上。

（11）检查各控制柜和操作盒上操作按钮是否灵敏可靠、急停开关操作是否有效。

（12）冷机通电分别独立调试各微波加热单元；空运行输送带15min；看各系统工作运行是否良好协调

（13）对各面板仪表根据工艺要求设定温度、压力、带速等参数，并对微波操作进行检查和参数修正。

（14）上述操作完成后，便可正式开机投入生产；开机顺序是先起动冷却水循环系统，再启动物料输送带系统和排湿系统；然后布料器开始送料，然后依据物料送入微波加热箱体循序开启微波加热干燥系统。

（15）关机时，先依次关掉微波干燥设备微波电源，遵循先关掉微波高压，再关掉低压，同时停止进料；待物料全部出炉后，先后停止微波干燥设备物料输送带，然后分别停止排湿和冷却水循环系统，最后切断总电源，清扫微波干燥加热设备里外残留物料。

（16）做好微波干燥设备安全运行情况记录和交接班记录等事项，设备运行中出现异常要及时维修和报告相关部门，严禁设备带病作业和空载运行。

任务二　粉碎、过筛、混合设备的使用与维护

一、粉碎设备

粉碎是利用机械方法克服固体物料内部的凝聚力，将大块物料破碎成适宜细度碎块、颗粒或细粉的操作。常以粉碎前药物的平均直径与粉碎后的平均直径的比值来表示粉碎度（固体药物粉碎的程度）。

粉碎的操作方式可以分为：①开路粉碎（间歇操作）与循环粉碎（连续操作）；②干法粉碎与湿法粉碎（加液研磨法）；③单独粉碎（贵重药物、毒性药物、刺激性药物、易于引起爆炸的药物，及其他需要单独处理的药物等）与混合粉碎（性质及硬度相似的两种及以上物料同时粉碎）；④低温粉碎（利用物料在低温下的脆性，将其冷却后进行粉碎）。

常用的粉碎设备包括机械式粉碎设备、研磨式粉碎设备、气流式粉碎设备以及低温粉碎设备。

（一）机械式粉碎设备

机械式粉碎设备是通过机械方式对物料进行粉碎的设备，包括齿式、锤式、刀式、涡轮式等。

1. 齿式粉碎机

（1）认识设备

① 主要结构。齿式粉碎机（常称为万能粉碎机），主要由机座、电机、加料斗、粉碎室、钢齿、环状筛板等组成，如图6-10、图6-11所示。

② 工作原理。钢齿分为固定齿盘和活动齿盘，两者以不同直径的同心圆排列，通过两个齿盘的相对运动，伴以撞击、撕裂和研磨，对物料起粉碎作用。

③ 粉碎特点。万能粉碎机适用性广，但不适用于粉碎含大量挥发性成分的药材和黏性药物。在粉碎过程中会产生大量粉尘，应配备粉料收集和捕尘装置以利于操作者的劳动保护。

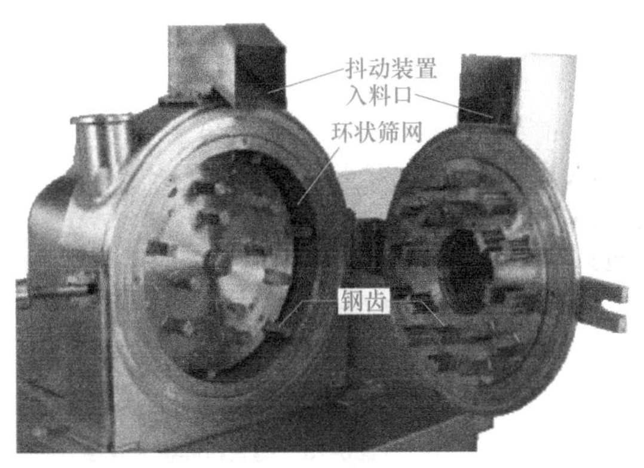

图6-10　齿式粉碎机结构图

图6-11　齿式粉碎机外观图

（2）操作设备　请扫二维码查看，视频由南京药育智能科技有限公司提供。

3.万能粉碎机的操作

① 检查设备处于“完好”“已清洁”“运行完毕”状态，并在清洁有效期内，擦去设备状态卡上的标识，勾上“完好”“正在运行”。

② 将已清洁的筛网检查完好后装入粉碎机。打开收料室门，将洁净的收料袋固定于收料口，关闭收料室门。

③ 检查设备各部分装配是否完好准确，入料口及主机腔内是否有杂物，如有需重新清场。

④ 检查主机皮带松紧度是否正常，皮带防护罩是否牢固；检查机架、主机仓门锁定螺钉、电机底脚等紧固件是否牢固。

⑤ 用手转动主轴时，观察主轴活动是否灵活、无阻碍，如有明显卡滞现象，应查明原因，清除阻碍物。

⑥ 打开电源开关。点动启动主机，确认电机旋转方向与箭头方向一致。开机运行，按动除尘机组启动按钮，启动除尘机。待除尘机运行平稳后，按动粉碎机主机启动按钮，启动主机。

⑦ 上述电机启动后，先空载运行，待主机、吸尘风机空载运行稳定后方可投料。将待粉碎物料投入料斗内，投料量不超过料斗容积的三分之二，调整进料闸门大小，使物料进入机器粉碎室内，待进料速度符合要求后固定进料闸，开始粉碎。

⑧ 当收料袋中收集的物料达到收料袋容积的三分之二时，关闭进料闸、粉碎机主机，打开收料室门，将收料袋取出，将袋中物料转移至洁净的容器中后，再将收料袋固定于收料口，启动粉碎机主机，调节进料闸继续进行粉碎。

2.锤式粉碎机

（1）认识设备

① 主要结构。主要由加料斗、螺旋加料器、转盘、锤头、衬板、外壳和筛板等组成，如图6-12、图6-13所示。

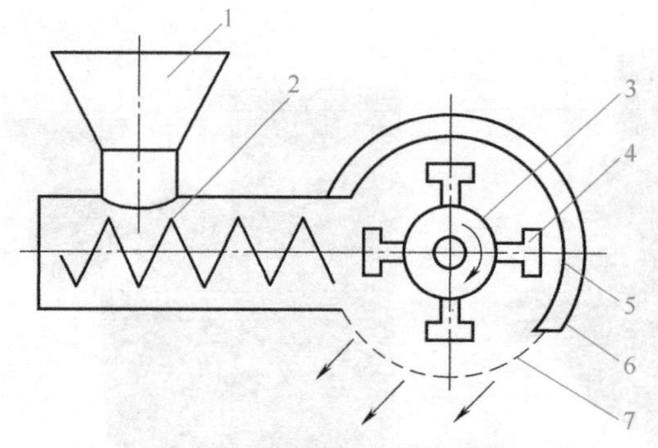

图6-12　锤式粉碎机结构示意图

1—加料斗；2—螺旋加料器；3—转盘；
4—锤头；5—衬板；6—外壳；7—筛板

图6-13　锤式粉碎机外观图

② 工作原理。利用高速旋转的活动锤击件与固定圈间的相对运动对物料产生冲击力，使物料受到锤击、撞击、摩擦等作用而被粉碎。

③ 粉碎特点。适用性广，但不适用于粉碎高硬度药物和黏性药物。

（二）研磨式粉碎设备

研磨式粉碎设备是通过研磨体、球等介质的运动对物料进行研磨，使物料研磨成超细度混合物的机器。以常用的球磨机为例做介绍。

1.认识设备

（1）主要结构　球磨机是一种常用的制药设备，其主体是一个不锈钢或瓷质的圆筒体，筒内装有直径为20～125mm的钢球或瓷球，结构及外观如图6-14、图6-15所示。

（2）工作原理　球磨机以一定的速度转动，使小球达到一定高度并在重力和惯性力的作用下呈抛物线抛下而产生撞击和研磨的联合作用，从而实现物料的粉碎。

（3）粉碎特点　球磨机粉碎效率低，粉碎时间长，粉碎过程全封闭操作。因此，特别适用于贵重物料、无菌粉末的粉碎，同时也有利于操作人员的劳动保护。

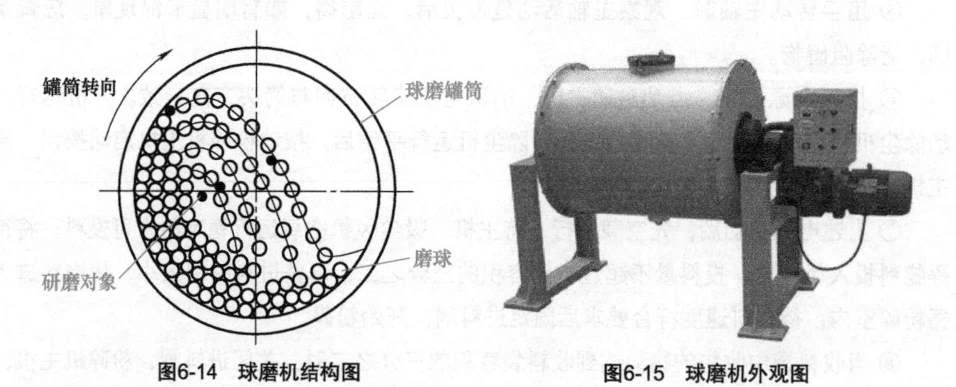

图6-14　球磨机结构图　　　图6-15　球磨机外观图

2.操作注意事项

（1）圆球大小　通常情况下，球磨机钢球的直径在20～125mm之间。

（2）圆球数量　不宜太多，否则容易增加耗能，一般干法粉碎时装填圆球的体积为筒体有效容积的25%～35%，湿法粉碎时为40%～50%。

（3）物料的量　罐内物料的量或体积以充满球间空隙为宜，一般不超过球罐总容积的50%。

(4) 转速事宜　一般工作转速为临界转速的60%～80%，转速过小主要发生研磨作用，粉碎效果不佳；转速过快圆球呈圆周运动，亦不能较好地粉碎物料。

（三）气流式粉碎设备

气流式粉碎设备是利用气体通过粉碎式喷嘴加速成高速气流束，物料在高速气流束作用下产生强烈的冲击和摩擦而被粉碎，可分为圆盘式气流粉碎机和椭圆式气流粉碎机，以圆盘式气流粉碎机为例进行介绍。

1. 主要结构

主要由喷嘴、空气室、粉碎室、分级涡、进料口、出料口等组成，如图6-16所示。

2. 工作原理

利用高速气流对物料进行超微粉碎。工作时利用粉碎室内的喷嘴将压缩空气（或其他介质）加速成高速的气流束，物料在高速气流束的作用下与粉碎室壁之间或物料与物料间产生强烈的冲击、摩擦作用而被粉碎。

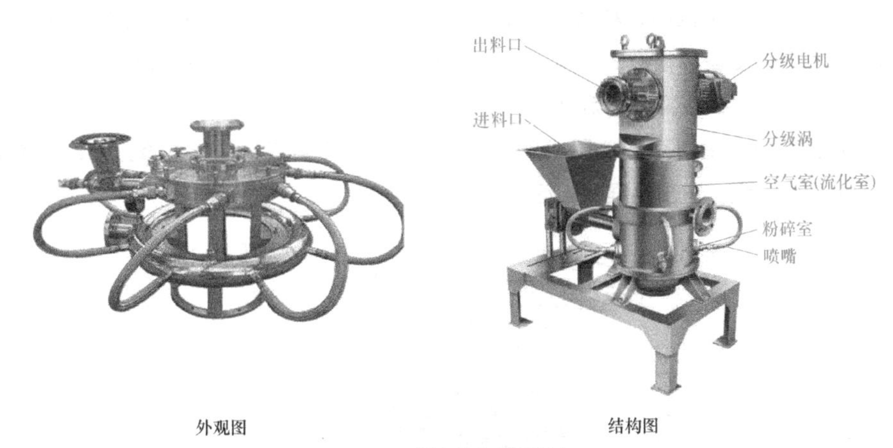

图6-16　圆盘式气流粉碎机

（四）低温粉碎设备

低温粉碎设备是将物料冷却到脆化点以下，对物料进行粉碎的设备。粉碎时，我们要根据以下几种情况选用粉碎设备。

① 生产所需要的粉碎能力。

② 被粉碎物料的性质（如密度、硬度、含水量等）和物料颗粒的大小。

③ 成品所要求的粒径大小、粒度分布、形状。

④供料方式，设备安装操作场所的情况。

二、筛分设备

筛分是将松散的混合物料通过单层或多层筛面的筛孔，按照粒度分成两种或若干个不同粒级的过程。设备借助具有一定孔眼或缝隙的筛面，使物料颗粒在筛面上运动，不同大小颗粒的物料在不同的筛孔处落下，完成物料颗粒的分级，根据《中国药典》的相关规定，粉末可以分为六个等级，具体如表6-1所示。

表6-1 粉末的等级及要求

粉末等级	要求
最粗粉	能全部通过一号筛，但混有能通过三号筛不超过20%的粉末
粗粉	能全部通过二号筛，但混有能通过四号筛不超过40%的粉末
中粉	能全部通过四号筛，但混有能通过五号筛不超过60%的粉末
细粉	能全部通过五号筛，并含能通过六号筛不少于95%的粉末
最细粉	能全部通过六号筛，并含能通过七号筛不少于95%的粉末
极细粉	能全部通过八号筛，并含能通过九号筛不少于95%的粉末

常用的筛分设备有旋振筛、旋转筛和摇动筛。

（一）旋振筛

1.认识设备

（1）主要结构　主要由筛网、上部重锤、弹簧、电机、下部重锤组成，如图6-17所示。

（2）工作原理　旋振筛是利用电机作为激振源，在电机的上、下两端安装有偏心重锤，当电机转动的时候受偏心重锤的作用，旋转运动变为水平、垂直、倾斜三次元运动，再把这个运动传递给筛面，实现物料的筛分。

（3）过筛特点　主要用于单层或多层分级使用，结构紧凑，操作维修方便，分离效率高，筛面处理能力大，适用性强，广泛使用。

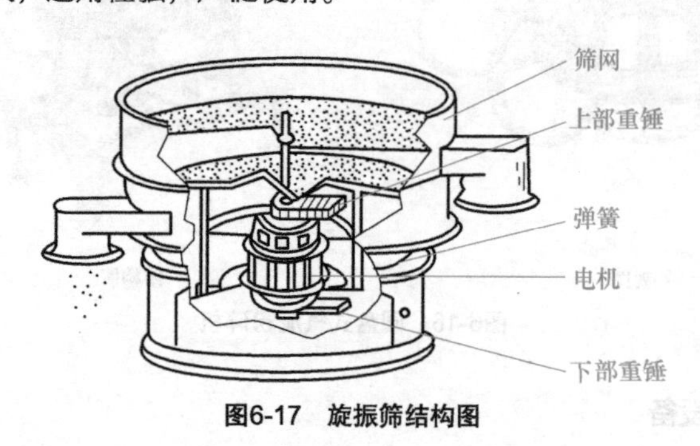

图6-17 旋振筛结构图

2.操作设备

旋振筛的操作过程：请扫二维码查看，视频由南京药育智能科技有限公司提供。

4.旋振筛的操作

（1）接通电源，再开机空运转，观察设备运行状况，应无碰擦和异常杂音。

（2）确认设备运行正常，缓缓加入物料。

（3）随时观察出料情况，如发现有异物出现应立即停机。

（4）应控制加入料粉流量，保持筛网上物料数量适中。

（5）结束生产时先按“停止”键，断开主电源。

（6）完成过筛后应按上下顺序清理残留在筛中的粗颗粒和细粉。

(7) 生产结束后按设备清洁规程做好清洁工作。

3.设备维护和保养

(1) 旋振筛在使用前必须换上清洁的润滑油。

(2) 随时保持激振器的通气孔畅通。

(3) 正常工作时，轴承的温度应低于75℃，但新的激振器有磨合的过程，温度略高，但运转8h后一般会降下来，若温度持续过高，则应检查润滑油的级别、油位以及油的清洁度。

(4) 设备的螺栓应该选用高强度螺栓并且必须定期检查紧固情况，每月最少检查一次。

(5) 更换筛网时，应保证筛箱与两侧板、筛网钩子之间的间隙相等。若接触不好，会导致筛网过早损坏。

(6) 拆卸旋振筛振动器时，应从外向里逐件谨慎拆卸，避免人为损伤零件。

(二)旋转筛

1.主要结构

旋转筛由机座、进料推进装置、出料推进装置等组成，如图6-18所示。

2.工作原理

加料斗中的物料在螺旋推进器的作用下进入筛箱，受到分流叶片的不断翻动，物料在筛箱内可以不断地更新推进，细料在筛网中落下，粗料则继续前进在粗料口中被推出。

3.特点

适用于纤维多、黏度大、湿度高、有静电、易结块等物料的过筛。

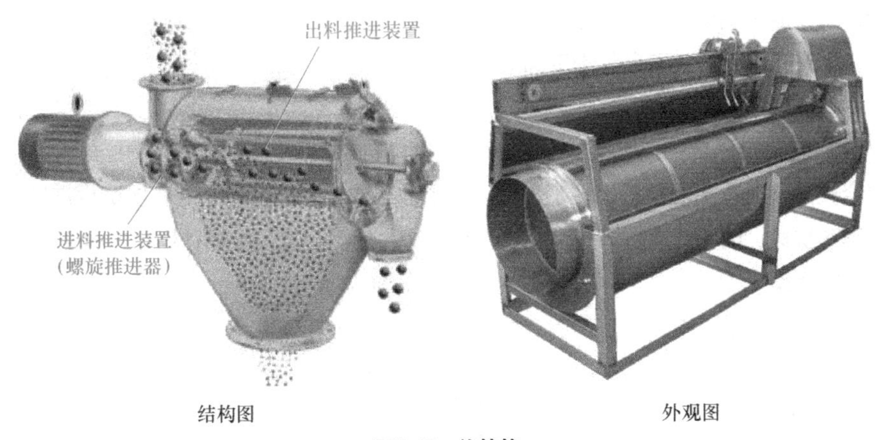

图6-18 旋转筛

(三)摇动筛

1.认识设备

(1) 主要结构

摇动筛主要由药筛和摇动装置组成，如图6-19所示。

(2) 工作原理

摇动筛利用偏心轮及连杆使药筛沿一定方向作往复运动，通常药筛的运动方向垂直于摇杆。

(3) 筛分特点

摇动筛筛分效率低，多用于实验室小量生产，适用于毒性、刺激性药粉的筛分，可避免粉尘飞扬。

图6-19　摇动筛

2.操作设备

(1) 将目数最小的药筛放在粉末接收器上，其他药筛按照目数大小依次向上排列，最粗号放在顶部。

(2) 把物料放入最顶部的筛网中，盖上盖子，固定在摇动台上。

(3) 启动电机进行摇动和振荡数分钟，完成对物料的筛分。

三、混合设备

混合是利用机械的或流体动力的方法，使两种或两种以上不同物料相互分散而达到一定均匀程度的单元操作。混合有三种机制：对流混合、剪切混合、扩散混合。上述三种机制在实际操作过程中并不是独立进行的，而是相互联系的。只不过所表现的程度因混合器的类型、粉体性质、操作条件等不同而存在差异而已。

（一）槽型混合机

1.认识设备

(1) 主要结构　槽型混合机主要由搅拌桨、混合槽、固定轴等部件组成，搅拌桨通常为S型。其结构如图6-20所示。

图6-20　槽型混合机

(2) 工作原理　搅拌桨在主电机驱动的减速器带动下旋转，物料在混合槽内不断地上下翻滚，实现混合。

(3) 混合特点　由于搅拌桨是S型，在混合槽的左右两侧会产生一定角度的挤压力，使混合槽内两端的物料混合较好，而中部的物料运动不均匀，因此需要的混合时间较长。在实际生产过程中主要用于制备软材，或不同比例的干性、湿性粉状物料的混合以及半固体物料的混合。

2.操作设备

请扫二维码查看，视频由南京药育智能科技有限公司提供。

5.槽型混合机的操作

（二）V型混合机

1.认识设备

(1) 主要结构　V型混合机外观呈现“V”型，主要由水平旋转轴、支架、“V”型料筒，驱动系统等组成，如图6-21、图6-22所示。

(2) 工作原理　当V型混合筒在电机驱动下绕水平轴转动，物料在V型混合筒内运动状态主要是两种：当“V”字朝下时，物料聚合在下端；而当“V”字朝上时，物料会被分开。因此，随着混合筒的持续旋转，物料会反复分开和聚合，形成对流循环混合的效果，实现物料的迅速混合。

（3）混合特点　V型混合机的结构独特，料筒内部无死角，混合速度快且均匀，混合效率高。适用于干性粉末或颗粒的混合。

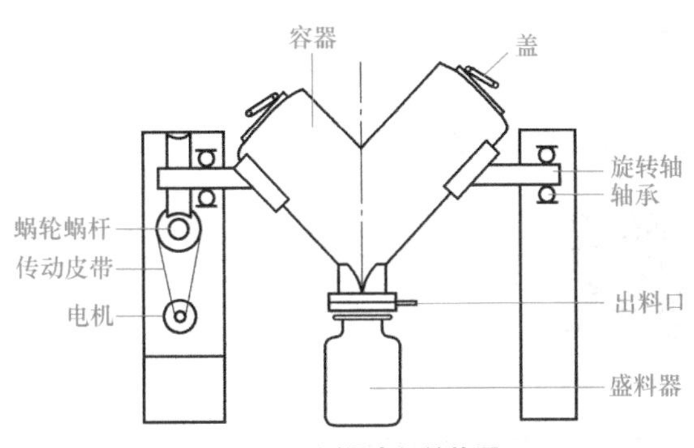

图6-21　V型混合机结构图

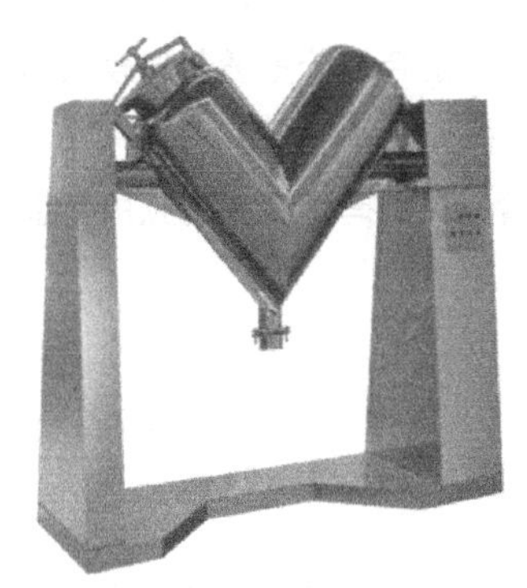

图6-22　V型混合机外观图

2.操作设备

请扫二维码查看，视频由南京药育智能科技有限公司提供。

6. V型混合机的操作

（三）二维运动混合机

1.主要结构

主要结构包括转筒、摆动架、机架等，如图6-23所示。

2.工作原理

二维运动混合机的混合筒可同时进行两个方向上的运动，包括转动和摆动。混合时，二维混合机的转筒进行自转和随摆动架而摆动的两个运动混合时，物料随筒转动、滚动，又随筒的摆动发生左右的掺混运动。

3.混合特点

适用于大吨位物料的混合。

（四）三维运动混合机

1.认识设备

（1）主要结构　三维运动混合机主要由机座、驱动系统、混合筒及电器控制系统组成，如图6-24所示。

图6-23　二维运动混合机

图6-24　三维运动混合机

（2）工作原理 工作时，混合筒在主动轴的带动下出现平移、转动、摇滚等运动状态，使混合筒内的物料连续不断地被推动，实现混合。

（3）混合特点 由于混合筒具有多方向运动，因此混合均匀度高，同时混合过程无离心力产生，适合组分重量差异较大的物料的混合。

2.操作设备

请扫二维码查看，视频由南京药育智能科技有限公司提供。

7.三维运动混合机的操作

（1）检查机器状态标识牌，接通电源，通电。从物料通道拿出物料。

（2）装料，依次用抱箍、封堵片将装卸料口关闭锁牢。

（3）启动电源，进行混合。

（4）混合完毕后，停机并使装卸料口垂直朝下，放出物料。

（5）生产结束后，关闭电源，做好清场工作。

任务拓展 双语课堂

Trough Type Mixing Machine

CH150, CH200 Trough type mixing machine is designed for thoroughly mixing powders or pastes. It is a horizontal trough type mixer with single stirring arm . The stirring arm is removable so that is easy to clean . The part is surfaces which may touch the mixing materials are made of stainless steel , So they are good corrosion-resistent . the mixing trough can automatically reverse for discharge and the mixing time can be automatically controlled .

CH150B、CH200B Trough type mixing machine is designed on the base of the former CH150、CH200. The configuration employ stainless steel that is easy to clean and maintaining and meet GMP standard.

Technical parameter :

Model	200	150	100	50
Trough capacity /L	200	150	100	50
Mixing arm speed/(r/min)	24	24	24	24
Tilting angle of the trough/°	105	105	105	105
Main motor/kW	3	3	2.2	1.1
Tilting motor/kW	0.55	0.55	0.55	0.55
Dimensions/mm	1660×600×1190	1480×600×1190	1100×440×900	920×440×820
Weight/kg	850	800	250	250

槽型混合机

CH150、CH200槽型混合机用于混合粉状或糊状的物料，使不同质的物料混合均匀，其特点是卧式槽型单桨混合，搅拌桨为活动式，便于清洗。与物料接触处全由不锈钢制成，有良好的耐腐蚀性。混合槽可自动翻转倒料，混合时间也可自动控制。

CH150B、CH200B槽型混合机除了具有CH150、CH200机的特点外，整个的外围用不锈钢板覆盖，更易于清洁和保养，符合药品生产的GMP要求。

技术参数:

型号	200	150	100	50
工作容积/L	200	150	100	50
搅拌桨转速/（r/min）	24	24	24	24
混合槽翻转角度/°	105	105	105	105
主电机功率/kW	3	3	2.2	1.1
副电机功率/kW	0.55	0.55	0.55	0.55
外形尺寸/mm	1660×600×1190	1480×600×1190	1100×440×900	920×440×820
机器净重/kg	850	800	250	250

课堂
笔记

任务实施　散剂的制备

【学习情境描述】

根据制药企业对散剂的质量要求，按照标准操作规程进行散剂的生产。

【学习目标】

1. 通过理论学习掌握粉碎、过筛、混合设备的结构、原理和正确操作。

2. 在教师的指导下，利用仿真实训软件，完成散剂的生产。

【获取信息】

引导问题1：在下图的方框里填入万能粉碎机各部件名称。

引导问题2：万能粉碎机粉碎原理是什么？

______

______

______

引导问题3：如何正确操作万能粉碎机？

______

______

______

______

______

引导问题4：筛分时上出料口和下出料口分别收集何种粒径的粉末？

______

______

______

引导问题5：如何正确操作旋振筛?

引导问题6：在下图的方框里填入万能粉碎机各部件名称。

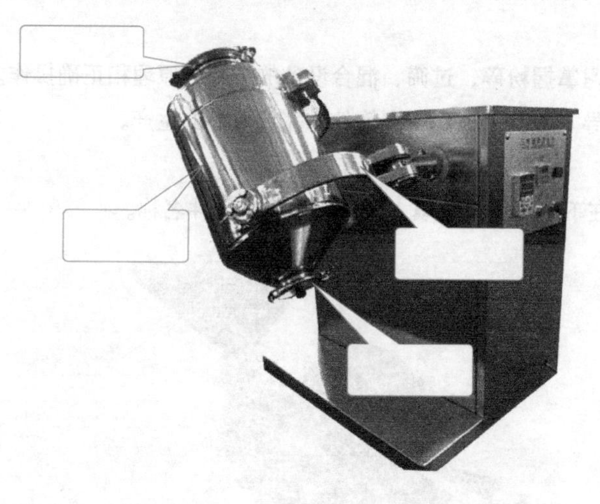

引导问题7：三维运动混合机出料时，出料口在什么位置最适宜?

引导问题8：如何正确操作三维运动混合机?

【生产记录】

粉碎岗位生产记录

<table>
<tr><td colspan="2">生产日期</td><td colspan="3"></td><td>班 次</td><td colspan="2"></td></tr>
<tr><td colspan="2">品 名</td><td colspan="3"></td><td>规 格</td><td colspan="2"></td></tr>
<tr><td colspan="2">批 次</td><td colspan="3"></td><td>理论量</td><td colspan="2"></td></tr>
<tr><td rowspan="6">生产操作</td><td>粉碎后物料重量</td><td colspan="2">桶号</td><td>1</td><td>2</td><td>3</td><td>4</td></tr>
<tr><td></td><td>毛重/kg</td><td></td><td></td><td></td><td></td><td></td></tr>
<tr><td></td><td>净重/kg</td><td></td><td></td><td></td><td></td><td></td></tr>
<tr><td>总桶数</td><td colspan="2">4</td><td>总重量</td><td></td><td>余料重量</td><td></td></tr>
<tr><td>损耗重量</td><td></td><td></td><td></td><td>废料重量</td><td></td><td></td></tr>
<tr><td>设备名称</td><td>万能粉碎机</td><td>设备编号</td><td></td><td></td><td>筛网</td><td></td></tr>
<tr><td rowspan="3">物料平衡</td><td>公式</td><td></td><td></td><td></td><td></td><td></td><td></td></tr>
<tr><td>计算</td><td></td><td></td><td></td><td></td><td></td><td></td></tr>
<tr><td>限度</td><td colspan="6">符合限度□
不符合限度□</td></tr>
<tr><td>备注</td><td colspan="7">偏差分析及处理:</td></tr>
<tr><td colspan="2">操作人</td><td></td><td colspan="2">复核人</td><td></td><td>QA人员</td><td></td></tr>
</table>

课堂笔记

筛分岗位生产记录

生产日期			班 次	
品 名			规 格	
批 次			理论量	
生产操作	操作记录			
	物料名称	批号	处理筛目	处理后重量/kg
	设备名称	振荡筛	设备编号	
物料平衡	公式	处理后总重量/领取重量×100%		
	计算			
	限度	符合限度□ 不符合限度□		
备注	偏差分析及处理:			

操作人		复核人		QA人员	

混合岗位生产记录

<table>
<tr><td colspan="3">生产日期</td><td colspan="2"></td><td>班 次</td><td></td></tr>
<tr><td colspan="3">品 名</td><td colspan="2"></td><td>规 格</td><td></td></tr>
<tr><td colspan="3">批 次</td><td colspan="2"></td><td>理论量</td><td></td></tr>
<tr><td rowspan="10">生产操作</td><td colspan="4">物料名称</td><td colspan="2"></td></tr>
<tr><td colspan="4"></td><td colspan="2"></td></tr>
<tr><td colspan="4"></td><td colspan="2"></td></tr>
<tr><td colspan="4"></td><td colspan="2"></td></tr>
<tr><td rowspan="5">混合操作</td><td>次数</td><td>时间/min</td><td>装载量/kg</td><td>混合后重量/kg</td><td>备注</td></tr>
<tr><td>①</td><td></td><td></td><td></td><td></td></tr>
<tr><td>②</td><td></td><td></td><td></td><td></td></tr>
<tr><td>③</td><td></td><td></td><td></td><td></td></tr>
<tr><td></td><td></td><td></td><td></td><td></td></tr>
<tr><td>设备名称</td><td colspan="2">三维运动混合机</td><td>设备编号</td><td colspan="2"></td></tr>
<tr><td rowspan="3">物料平衡</td><td>公式</td><td colspan="5">混合后总重量/装载量×100%</td></tr>
<tr><td>计算</td><td colspan="5"></td></tr>
<tr><td>限度</td><td colspan="5">符合限度□
不符合限度□</td></tr>
<tr><td>备注</td><td colspan="6">偏差分析及处理:</td></tr>
<tr><td>操作人</td><td></td><td>复核人</td><td></td><td>QA人员</td><td colspan="2"></td></tr>
</table>

项目七 颗粒剂生产设备的使用与维护

颗粒剂（granules）是指药物与适宜的辅料混合制成具有一定粒度的干燥颗粒状制剂。通过制粒不仅可以改善物料的流动性、飞散性、黏附性，而且可以保证颗粒形状、大小、外观，有利于确保剂量准确，保护生产环境等。在药品生产中，常用的制粒方法有湿法制粒、干法制粒、喷雾制粒，其中最常用的是湿法制粒。

任务一　湿法制粒设备的使用与维护

湿法制粒是指在药物粉末中加入黏合剂，借助黏合剂的桥架或黏合作用，使粉末聚集在一起而制成颗粒的方法。湿法制粒主要包括挤压制粒、转动制粒和搅拌制粒等。

一、摇摆式颗粒机

（一）认识设备

1. 主要结构

主要由动力部分和制粒部分构成（见图7-1），动力部分的电动机装在机身底部的U型底座上，电机经过皮带传动带动减速器蜗杆，经齿轮传动变速，齿条上下往复运动使齿轮做摇摆运动，加料部分置于颗粒机上部，由加料斗、六角滚筒、筛网及管夹等组成。

图7-1　摇摆式颗粒机

2. 工作原理

以强制挤压为原理，借助滚筒作左右往复摆动，滚筒为六角滚筒，在其上固定有若干截面为梯形的“刮刀”。通过滚筒正反方向旋转时刮刀对湿物料的挤压与剪切作用，将物料经不同规格的筛网挤出成粒。

3. 制粒特点

摇摆式制粒机结构简单，适用于多种物料的制粒以及干颗粒的制粒。不足之处在于筛网使用寿命比较短，且更换筛网较为烦琐。

（二）操作设备

1. 使用方法

(1) 更换筛网　根据制粒的粒径要求，选择合适的筛网进行安装。

(2) 开机试运行　打开开关，空机运转检查是否正常；停机，放上接料桶。

(3) 正式生产　开机，放入软材进行生产；制粒结束以后关机。

2. 维护保养

(1) 经常观察润滑系统的管道是否堵塞，储存油量必须保持在油线以上。

(2) 定期检查机件，每月一次。检查涡轮、齿条轴承等部分是否转动灵活。

(3) 经常保持机器清洁，每次使用后应取出旋转滚筒进行清洗，并洗刷干净料斗内剩余物料。

二、高速混合制粒机

认识设备

1. 主要结构

由容器、搅拌桨、切割刀、搅拌电机、制粒电机、电器控制器和机架等组成，如图7-2所示。

2. 工作原理

它由机身作为支撑，圆筒形容器为盛料器，搅拌转动与切割刀传动为动力。将粉体物料与黏合剂置圆筒中，由底部混合桨充分混合成软材，使物料在短时间内翻滚混合均匀，再由侧置的切割刀制成均匀的湿颗粒，最后从出料口排除。通过改变搅拌和切割刀的转速，可获得不同大小的颗粒。

3. 制粒特点

本机采用封闭式圆筒构造，结构合理，符合GMP规范。流态化造粒，成粒近似球形，流动性好。较传统工艺减少了黏合剂，干燥时间缩短，提高了生产效率。

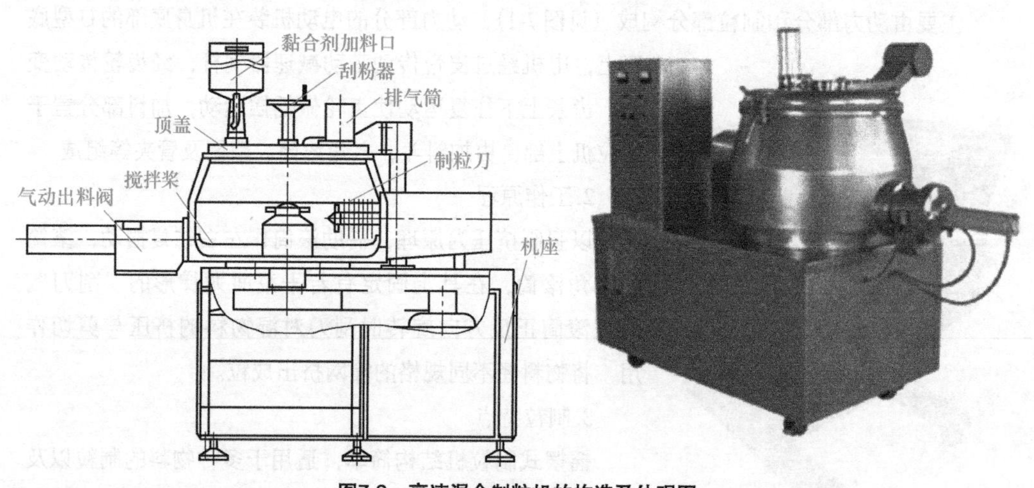

图7-2　高速混合制粒机的构造及外观图

三、喷雾制粒机

认识设备

1. 主要结构

由加热器、原料容器（流化室）、干燥室、捕集室等组成，如图7-3所示。

2. 工作原理

物料溶液或混悬液通过喷嘴喷雾于干燥室内，在热气流的作用下使雾滴中的水分迅速蒸发，从而直接获得球状干燥细颗粒。

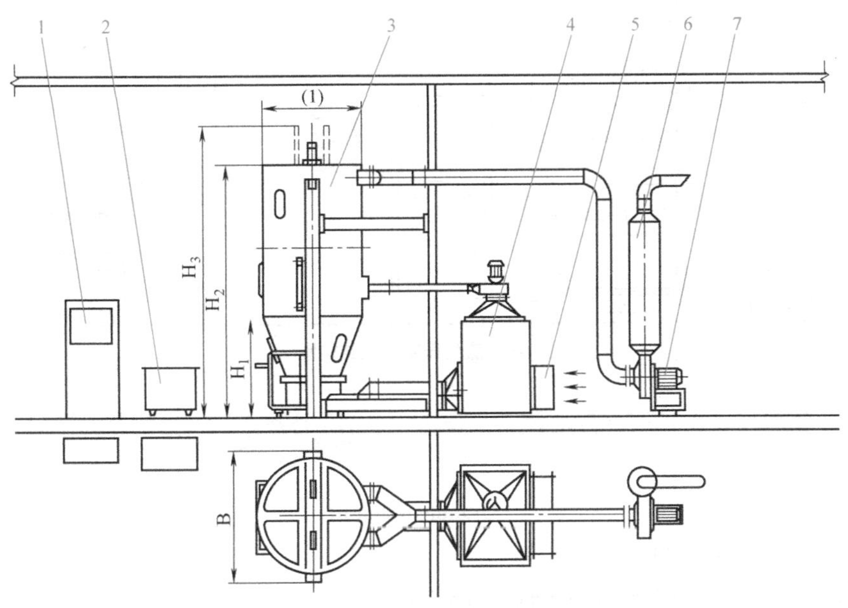

1—控制柜；2—输送小车；3—干燥室；4—换热柜；5—亚高效过滤器；6—消声器；7—风机

图7-3　喷雾制粒机的结构图

四、流化床制粒机

（一）认识设备

1. 主要结构

由物料容器、喷雾室、物料捕集室、喷枪、引风机、加热器等组成，如图7-4所示。

2. 工作原理

利用热风使粉末物料悬浮呈“沸腾”流化态，喷枪喷入液态黏合剂或润湿剂使粉末物料凝结成粒，热风在使物料沸腾的同时还加热颗粒使其干燥，该过程使得物料的混合、制粒、干燥在一台设备内完成，因此又称之为“一步制粒机”。

3. 制粒特点

流化床制粒制得的颗粒密度小、流动性好和可压性好。特别适用于黏性大、普通湿法制粒不能成型的物料制粒。

（二）操作设备

请扫二维码查看，视频由南京药育智能科技有限公司提供。

8.流化床制粒机的操作

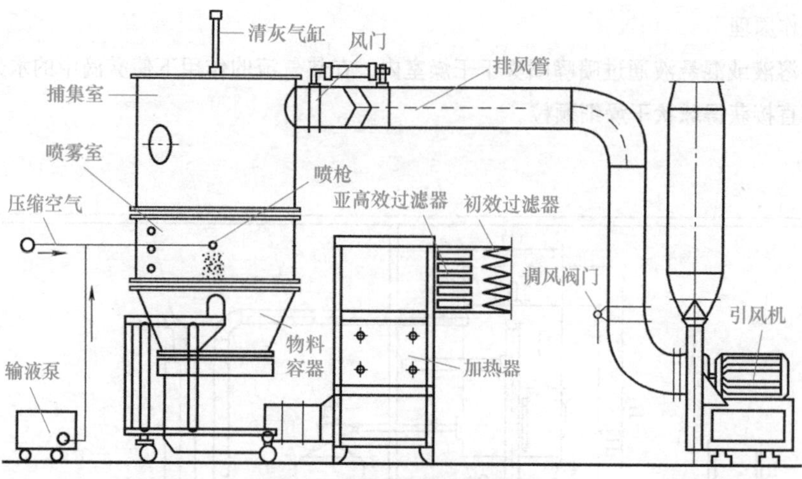

图7-4　流化床制粒机结构图

任务拓展　双语课堂

Granule Machine

1. Swing Granule Machine

Swing granule machine is designed according to the requirements of GMP pharmaceutical production. The appearance of the whole machine is enclosed by stainless steel which make the machine looks neat and beautiful. Especially the metal mesh or stainless steel plate net make the quality and economic benefits of the particles greatly improved.

Swing granule machine is used in pharmaceutical, chemical and food industries. This machine is a kind of wet mixture powders under the effect of rotating drum forward and reverse, mandatory through the screen mesh and particle of special equipment. This machine is mainly used in pharmaceutical, chemical, food industries to manufacture various granules. The machine can also be used for crushing condense into clumps of dried material.

(1) Make moist powder into granules.

(2) Crush the dry bulk materials to the required particles.

2. Spraying Dryer Granulator（One-Step Granulator）

Features of equipment:

The structure of spraying drying chamber, filtering chamber, fluid-bed and secondary air supply system has been improved greatly. It can appear the features of spraying drying deeply. Design, manufacture and layout according to GMP requirements. It can realize continuous spraying process. The operation is simple and reliable. It can improve spraying and drying efficiency. Compared with FL, the fluid-bed is more constant and the adjusted air amount is more reasonable.The fluidized drying performance is improved and the “died bed” is overcome. Multi-fluid atomizer is particularly suitable for materials that have high sugar content and strong viscosity or heat sensitive products.

制粒机

1.摇摆式颗粒机

摇摆式颗粒机是根据药品生产GMP的要求而设计制造的。整机外形采用不锈钢封闭，使整机外形整洁美观，特别是筛网采用金属丝网或不锈钢板网，使颗粒的质量和经济效益有较大提高。

摇摆式颗粒机用于制药、化工及食品行业。本机是一种将软材混合物在旋转滚筒正反转的作用下，强制性通过筛网而成颗粒的专用设备。该机主要用于医药、化工、食品等工业中制造各种规格的颗料。该机也可用于粉碎凝结成块状的干料。

(1) 将软材制成颗粒。

(2) 将块状干料粉碎至所需要的颗粒。

2.喷雾干燥制粒机（一步机）

设备特点：

喷雾干燥室、捕集室、流化床及二次供风系统等结构进行了重要修改后，更加贴切地表现出喷雾干燥的特性。按照GMP要求设计、制造及布局。可实现连续的喷雾过程。操作简便、可靠，干燥效率高。比FL型流化床更为稳定，调节风量更加合理，提高了流化干燥强度，克服了“死床”现象。多流体雾化器，更适用于多糖分，黏稠性强或热敏性的产品。

任务二　干法制粒设备的使用与维护

一、认识设备

（一）主要结构

干法制粒机主要由送料螺杆、料斗、挤压轮、粉碎机和电机等组成。如图7-5所示。干法制粒过程不加液体，使物料避免了湿和热的影响，保证了药物的稳定性。因此，常常用于热敏性药物、遇水易分解药物以及容易压缩成形的药物制粒。

图7-5　干法制粒机原理图及实物图

（二）工作原理

干法制粒机是将滚压、碾碎、整粒于一体的整体设备。粉料加入料斗中通过螺杆的推送和压缩，到达挤压轮的上部，这时粉料处于三面受压的状态下，随着挤压轮的转动，被两个挤压轮强烈挤压成硬条片，然后转入下部打碎成颗粒、过筛等。

二、操作设备

（一）准备

(1) 打开压缩空气、总电源开关，接通冷水机电源并设置温度上限参数。

(2) 将冷水机水箱内加饮用水约为水箱的五分之四量，再把水管与机器连接。

(3) 将安装好的高效筛粉机与粉碎整粒机构出料口用管路连接。

(4) 把真空上料机安装好后，将整体与机器顶部的接口固定，再将下料口与送料盒接口用卡箍连接好。

(5) 将吸料管、真空上料机、细粉通道、粉碎整粒机构出料口与吸料装置用卡箍连接，再将细粉回收桶与吸料装置、高效筛粉机连接好。

(6) 将已清洁的送料盒部件及感应探头安装好。

（二）开机操作

(1) 在确保清洁的情况下接通电源，复位急停开关，将钥匙开关旋至“ON”位置，此时触摸屏变亮并显示开机画面。

(2) 点击“用户登录”按钮时，出现用户登录窗口，通过数字键盘输入正确的用户名和密码后，按“确定”键，此时登入操作系统。

(3) 返回开机画面中按“系统结构”键进入系统结构画面。

(4) 点击“手动控制”进入手动控制画面，分别调整“螺旋进料电机”“压辊电机”“破碎整粒电机”转速，输入参数后按下对应的图标，可启动相应电机，观察各部分运行是否正常。(注意：启动电机顺序必须为整粒电机、粉碎电机、出片破碎电机、压辊电机、螺旋送料电机、进料电机)

(5) 返回系统结构画面，按“修改参数”键进入参数设定画面。在对参数进行修改时必须确保所有的设备都已停止，即界面最上端的指示灯为绿色，所有有关时间间隔及延时的参数不得超过2位且无小数点，电机最大负载率不要超过100.0%。参数修改时，通过触摸其显示区即弹出数字框，输入后按“回车”键确定。

(6) 参数设置好后按“退出”键返回系统结构画面，触摸“自动运行”时，设备进入自动运行状态，触摸“停止”时，设备按顺序自动停机。

(7) 按“手动控制”界面“上料开”键，用真空上料机把药粉吸到送料盒内，直到送料盒内的探头可以探测到药粉即可，此时触摸屏送料盒图标会显示“料已加满”。

(8) 返回系统结构画面，按“自动运行”键启动机器。运行中可以按批生产记录要求对主要参数进行修改来达到规定的合格要求。自动运行过程中，需注意压辊电机和进料电机的速度配比，防止进料电机负载过大，以免引起跳闸，影响正常生产。

(9) 制粒过程中应随时观察出料桶，装满后及时更换。

(10) 生产结束后，先把油压卸掉，将压辊间隙调大，最后关闭压缩空气、各机器电源。

（三）设备安装及调整

1. 压辊机构安装及调整

（1）放置压辊到主轴上，注意压辊、主轴密封圈要先安装到位。轻轻推入主轴中，直到其方孔部位接触对正。旋入螺母（左右旋之分），压辊逐渐后退，直到螺母锁紧。

（2）调整压辊间隙，打开机器上部右侧门板，在上下支撑块之间插入大于2 mm的钢板，并用螺栓固定于上块上。调整后将调整板固定于上支撑块上。

（3）松开刮刀两侧螺钉，调整刮刀间隙与压辊圆周表面间隙，控制在0.2 mm左右为宜。仔细调节，切记相对压辊距离不能太小（最小间距为0.2 mm）。上下压辊均要调整，完毕后锁紧螺栓。将保护罩装上。

2. 粉碎整粒机构安装

（1）机构安装

① 调整杆为偏心杆。

② 制粒转子由四个定位销定位，使用套筒扳手进行螺母锁紧。

③ 左右挡板防止粗颗粒进入成品区（出料口）。

④ 拆卸粉碎保护罩时注意保护，因为罩较重，需双手握住保护罩的把手，防止被砸伤。

（2）更换筛网　取出筛网组件，松开固定螺钉，更换需要的筛网，拧紧压板螺钉。最后安装密封罩，中端两个螺柱，定位后拧紧螺母。

（四）注意事项

（1）机器上不可拆的部件，不可随意拆卸；使用中如发现机器震动、声音异常，应立即停车检查；电控柜中的元件不要随意拆拔。

（2）定期检测所有管路和软管连接是否紧密。

（3）触摸屏表面严禁用金属或其他硬物划伤、磕碰，否则造成触摸屏损坏。

（4）电源开关是手动的。在清洗、维修和长期停车期间，可用挂锁锁定电源开关以确保全部电器设备断电，确保安全。

（5）不得拆除设备安全保护装置，若因为特殊情况如维修保养必须拆下安全保护装置，应当在完成工作后立即重新安装，并检查所有安全装置的功能是否正常。

（6）在生产过程中，送料盒的边缘可能会伤害到操作人员，需在维护螺旋送料器或更换部件时佩戴适当的防护手套。

（7）螺旋送料器较重，卸下时双手抓住螺旋送料器，避免被螺旋送料器砸伤。

（8）拆卸压辊时注意。压辊较重，需双手搬运，防止被较重的压辊砸伤。

（9）粉碎滚和插入的筛网属于制粒机的一部分。在生产过程中，边缘会变得锋利，筛网的金属丝可能断裂。为防止被组件部件的锋利边缘刮伤，需在维护或更换筛网时佩戴防护手套。

（10）在生产过程中检查破碎物料的质量，如需要，再次调节筛网与制粒刀之间的间隙。

（11）本设备至少每月通电一次，以防止PLC数据丢失。

（12）接触PLC屏幕前，确认其他人员已经离开设备，设备部件安装完好，设备周围没有其他工具、器具，以保障其他人员和设备的安全。

三、制粒岗位标准操作程序（示例）

（一）准备工作

⑴ 岗位操作人员穿戴应符合《人员卫生管理程序》及《工作服装管理程序》规定，并按实际需要戴好防护用品（乳胶手套、3M口罩、护目镜等）。

⑵ 岗位操作人员从制造负责人处领取批生产记录及《生产状态标识卡》，确认《生产状态标识卡》上的内容与实际生产内容一致。

⑶ 岗位操作人员到器具存放间领取制粒所需的沸腾机滤袋，填写《滤袋使用及清洁记录》，领取、筛网、容器等用具，并确认其完好、清洁并查看是否超过清洁有效期（清场合格证第三联），如超过清洁有效期的，须重新清洁并经制造负责人确认后才能使用。

⑷ 确认批生产记录及相关文件齐全；确认工作环境的温湿度符合要求（温度18～26℃，相对湿度45%～65%，特殊产品依据批记录要求）；确认生产用机器及用具的清洁，无上一批次产品残存物及相关文件。

⑸ 将设备标示牌由“完好停车-已清洁”更换为“运行”，开始安装机器，确认所用机器运转正常，无异常情况（如响应时间、运行声音等），确认安装过程中设备零件是否完整，安装完成后所使用的工具是否已全部归位，设备内外没有遗漏工具。缺失或破损的零件需及时补充或更新，遗失工具应立即检查设备周边并报告制造负责人，待其确认后方可生产。用丝光毛巾蘸取75%酒精擦拭机器接触药粉的部位并待其完全挥发。

⑹ 按批生产记录到暂存间领取已称量好的原辅料，核对指令、品名、规格、批号、物料名称、接收号、重量等，核对无误后复称并打印，附于批生产记录上，并填写《中间站交接记录》。

⑺ 黏合剂按批生产记录要求提前或临时配制，配制好的黏合剂置于不锈钢桶中密闭保存，并作明显标示，隔夜配置的黏合剂使用前需确认性状，如有挥发性成分需确认重量。

⑻ 由制造负责人做区域卫生检查及QA人员核对半成品无误后，岗位操作人员方可开始生产。

（二）制粒操作

1.湿法制粒

⑴ 按批生产记录规定的顺序和方法将经制造负责人确认后的原辅料依次投入湿法混合制粒机中，按湿法制粒机操作程序操作混合均匀。投料时要双人再次核对，制粒有亚批号的产品，应当生产完一个亚批号后再将下个亚批号物料拉至生产现场。原辅料若有换批号现象时，优先投入前批次原辅料。投料前确认出料口已关闭。

⑵ 按批生产记录规定采用真空吸料或手工上料。若使用真空上料，先接通电源，调整混合桶的位置，切断电源，安装真空上料机，关闭混合机蝶阀，确认严密性。按批生产记录要求顺序吸入原辅料。吸料完毕后拆下上料机吸料管，密闭混合机。

⑶ 加入规定量的黏合剂，按批生产记录要求控制参数进行制粒，并将制好的湿颗粒过规定目数的不锈钢筛网。

⑷ 将制好的颗粒吸入或倒入沸腾干燥机干燥锅内，按沸腾干燥机操作程序进行干燥，应严格按批生产记录要求，控制进风温度、干燥时间、沸腾时间、摇振次数、负压和风机压

力，当出口温度达到要求时，从干燥器的取样口取样按规定方法测定水分，如不符合要求，则需继续干燥，直至符合规定后出料。

（5）沸腾干燥过程中视干燥情况可以人工翻料，防止颗粒结块，确保颗粒均匀。

（6）对于温度敏感或有特殊要求的药品，温度要严格控制，避免由于温度上升过快导致药品性状改变，在烘干时多次翻料，必要时过筛，防止局部过热。

（7）出料时注意捕尘袋、桶壁是否有药粉黏附，若有则需机器震摇、手工收集等，以提高收率，避免损失。按湿法制粒机操作程序和沸腾干燥机操作程序及批生产记录要求进行操作，记录混合机制粒起止时间。

（8）湿法制粒操作重点控制参数：混合时间、混合转速、干燥时间、干燥温度。

（9）将干燥后的颗粒按相应的工艺规定进行整粒过不锈钢筛网。

（10）生产过程中若发现筛网断裂或网眼变形等异常须立即更换，隔离涉及的物料并标示，填写偏差报告。

2. 干法制粒

（1）按批生产记录和干法制粒机操作程序进行生产操作。

（2）按批生产记录要求对制粒好的颗粒进行检查，适当调整相关参数使颗粒均匀达到规定的要求。

（3）将制出来的颗粒经过高效筛粉机处理，较大颗粒需要进行粉碎处理，同时检查制粒机内和筛粉机内是否有残留，如有将其进行过筛处理后再和标准颗粒放在一起。

（4）干法制粒操作重点控制参数：加料转速、辊轮压力、辊轮速度、辊轮间隙、粉碎转速、整粒转速。

（三）颗粒入中间站

（1）将制好的颗粒存放于衬有双层洁净塑料袋的不锈钢桶内，扎紧袋口，称重并加盖密闭，不锈钢桶外要有《中间体、半成品标示卡》明确标示，注明指令、品名、规格、批号、重量、生产日期、负责人等。并附重量打印记录及待放行标签。存放于中间站指定区域，填写《中间站交接记录》和《中间站标示卡》，并签名。同时通知中间站管理员复核。

（2）颗粒经QA人员按工艺规程要求检验，并由岗位操作人员计算收率，平衡物料。检验合格后，颗粒进入中间站指定区域，QA人员抽样检验，检验合格后发放合格标签，不合格按《中间站管理程序》规定处理。

（四）生产结束

（1）生产结束后，检查所使用的沸腾机滤袋（填写滤袋检查记录）、筛网、容器的完整性，如有异常，上报制造负责人，对可能有异常的半成品集中处理。生产区域的设备将“运行”标示更换为“完好停车-待清洁”标示。清洁则按《固型剂清场程序》及使用设备清洁的SOP清洁。将“完好停车-待清洁”标示更换为“完好停车-已清洁”标示。取下《生产状态标识卡》及前批次清场合格证副本，填写《固型剂生产场所清洁清场记录表》，经制造负责人确认清场合格后签名，QA人员检查确认合格并发放清场合格证后，在操作间门挂上本批清场合格证副本。

（2）正确填写批生产记录、温湿度记录、设备使用记录、设备清洁记录、岗位清洁记录及其他相关表单等，并将填写完整的批生产记录交于制造负责人。

（3）关闭水、电、气开关或阀门并再次确认后，岗位操作人员方可离开生产现场。

（4）生产过程中所需填写的表单或记录如表7-1所示。

表7-1　生产过程中填写的表单或记录

表单或记录名称	填写人员	填写时间
生产状态标识卡	制造负责人	投料生产前
工作环境温湿度记录表	岗位操作人员	间隔2小时填写
批生产记录	岗位操作人员/制造负责人	按生产进程及时填写
中间站交接记录	岗位操作人员/制造负责人	生产前上道工序/本批结束后
原辅料暂存间交接记录	岗位操作人员/制造负责人	投料生产前
设备使用记录	岗位操作人员	设备使用后
设备清洁记录	岗位操作人员	设备清洁后
岗位清洁记录	岗位操作人员	岗位清场后
滤袋检查记录	岗位操作人员	使用前后
生产场所清洁清场记录表	岗位操作人员/制造负责人	生产结束清洁后
中间体、半成品标示卡	岗位操作人员	半成品桶重标示
中间站标示卡	岗位操作人员	半成品标示
清场合格证	岗位操作人员/QA人员	生产结束清洁后

（五）制粒过程中常出现的问题及解决方法

如表7-2所示为制粒过程中常出现的问题及解决方法。

表7-2　制粒过程中常出现的问题及解决方法

问题	解决方法
颗粒的堆密度低于工艺要求	延长制粒时间或减慢整粒机速度
颗粒细粉太多	延长制粒时间、过筛时选择适当规格的筛网
颗粒水分太高或太低	重新烘干或增加水分重新混合；干燥过程中定时测试水分，取样时注意其代表性
颗粒有熔化现象	应根据原料的特性选择适当的烘干温度，注意干燥温度的均匀性，并在干燥过程中严密观察，如有异常及时降温

任务实施　颗粒剂的制备

【学习情境描述】

根据制药企业对颗粒剂的质量要求，按照标准操作规程进行颗粒剂的生产。

【学习目标】

1. 通过理论学习掌握制粒设备的结构、原理和正确操作。

2. 在教师的指导下，利用仿真实训软件，完成颗粒剂的生产。

【获取信息】

引导问题1：在下图的方框里填入高速混合制粒机各部件名称。

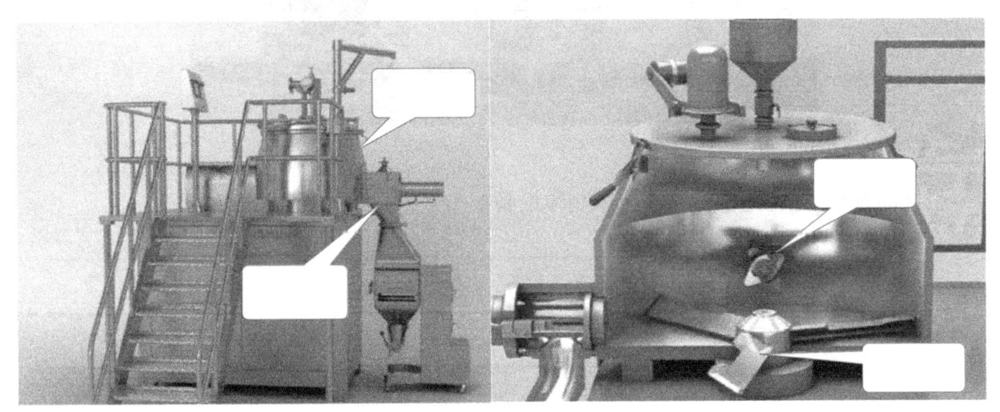

引导问题2：高速混合制粒机出料时，搅拌桨和切割刀处于何种状态？

____

____

____

____

____

____

引导问题3：如何正确操作高速混合制粒机?

____

____

____

____

____

____

____

引导问题4：在下图的方框里填入流化床制粒机各部件名称。

引导问题5：如何正确操作流化床制粒设备？

【生产记录】

高速混合制粒岗位生产记录

<table>
<tr><td colspan="2">生产日期</td><td colspan="2"></td><td>班 次</td><td></td><td></td></tr>
<tr><td colspan="2">品 名</td><td colspan="2"></td><td>规 格</td><td colspan="2"></td></tr>
<tr><td colspan="2">批 次</td><td colspan="2"></td><td>理论量</td><td colspan="2"></td></tr>
<tr><td rowspan="9">生产操作</td><td>混合药粉总量</td><td colspan="5"></td></tr>
<tr><td>黏合剂名称</td><td></td><td>黏合剂浓度/%</td><td></td><td>用量</td><td></td></tr>
<tr><td>润湿剂名称</td><td></td><td>润湿剂浓度/%</td><td></td><td>用量</td><td></td></tr>
<tr><td>设备名称</td><td colspan="2">高速混合制粒机</td><td>设备编号</td><td colspan="2"></td></tr>
<tr><td>接料容器</td><td>1槽</td><td>2槽</td><td>3槽</td><td colspan="2">4槽</td></tr>
<tr><td>湿颗粒重/kg</td><td></td><td></td><td></td><td colspan="2"></td></tr>
<tr><td colspan="3">开机时间</td><td colspan="3"></td></tr>
<tr><td colspan="3">结束时间</td><td colspan="3"></td></tr>
<tr><td colspan="3">湿颗粒重量/kg</td><td colspan="3"></td></tr>
<tr><td rowspan="3">物料平衡</td><td>公式</td><td colspan="5">湿颗粒总重量/(混合药粉总量+黏合剂用量+润湿剂用量)×100%</td></tr>
<tr><td>计算</td><td colspan="5"></td></tr>
<tr><td>限度</td><td colspan="5">符合限度□
不符合限度□</td></tr>
<tr><td>备注</td><td colspan="6">偏差分析及处理:</td></tr>
<tr><td>操作人</td><td colspan="2"></td><td>复核人</td><td></td><td>QA人员</td><td></td></tr>
</table>

流化床制粒岗位生产记录

生产日期			班 次		
品 名			规 格		
批 次			理论量		
生产操作	混合药粉总量				
	黏合剂名称		黏合剂浓度/%		用量
	润湿剂名称		润湿剂浓度/%		用量
	项目	第1锅	第2锅	第3锅	第4锅
	加粉量/kg				
	开始时间/min				
	进风温度/℃				
	气源压力/MPa				
	雾化压力/MPa				
	结束时间/min				
	颗粒重量/kg				
	湿颗粒总重量/kg				
	设备名称	流化床制粒机		设备编号	
物料平衡	公式	湿颗粒总重量/(混合药粉总量+黏合剂用量+润湿剂用量)×100%			
	计算				
	限度	符合限度□ 不符合限度□			
备注	偏差分析及处理:				
操作人		复核人		QA人员	

项目八

胶囊剂生产设备的使用与维护

胶囊剂（capsules）系指将药物填装于空心胶囊中或密封于弹性软质胶囊中而制成的制剂，根据制备方法不同，可分为硬胶囊和软胶囊。

硬胶囊（hard capsules）是将一定量的药物（或药材提取物）及适当的辅料（也可不加辅料）制成均匀的粉末或颗粒，填装于空心硬胶囊中而制成。

软胶囊（soft capsules）系指将提取物、液体药物或与适宜辅料混匀后用滴制法或压制法密封于软质囊材中的胶囊剂。

任务一　硬胶囊机的使用与维护

硬胶囊剂填充机是生产硬胶囊剂的专用设备。制备硬胶囊的过程，主要是选择适当容量的空胶囊填充药物的过程。硬胶囊生产操作可分为手工操作、半自动操作、全自动操作。除手工操作以外，机械灌装胶囊可分为胶壳排列、校准方向、胶囊分离、药物充填、胶壳闭合和送出等工序。国内使用的硬胶囊剂设备主要是全自动胶囊填充机。

一、认识设备

（一）设备结构

全自动胶囊填充机的结构由空胶囊下料装置、胶囊分送装置、粉剂下料装置、计量盘机构、胶囊充填封合机构、箱内主传动机构和电器控制系统等组成，如图8-1、图8-2所示。

（1）空胶囊下料装置：由料斗与输送管路组成，主要储存空胶囊并使空胶囊逐个竖直进入胶囊分送装置。

（2）胶囊分送装置：使空胶囊进入分送装置的选送叉内，选送叉向下动作一次会送下六粒胶囊，并且胶帽在上。同时，真空分离系统把胶囊顺入到模块中，并将体帽分开。

（3）粉剂下料装置：由粉斗、粉斗螺杆、下料输送管等组成，主要在螺杆和搅拌作用下把存储的粉剂有控制地送到计量盘上。

（4）计量盘机构：根据胶囊规格及装量所匹配的计量盘规格。粉剂在间歇旋转的计量盘内经过五次充填压实成药柱，并推入到下模块的胶囊内。

（5）胶囊充填封合机构：当药柱推入胶囊下胶囊体后，上模块的胶帽与下胶囊体扣合。

（6）箱内主传动机构：箱内通过电机、箱式福开森间歇回转机构、齿轮副、减速机构、凸轮副和链传机构完成执行工作所需动力，同时，变频电机达到变频调速功能。

（7）电器控制系统：由PLC系统控制显示各胶囊充填的工艺要素。

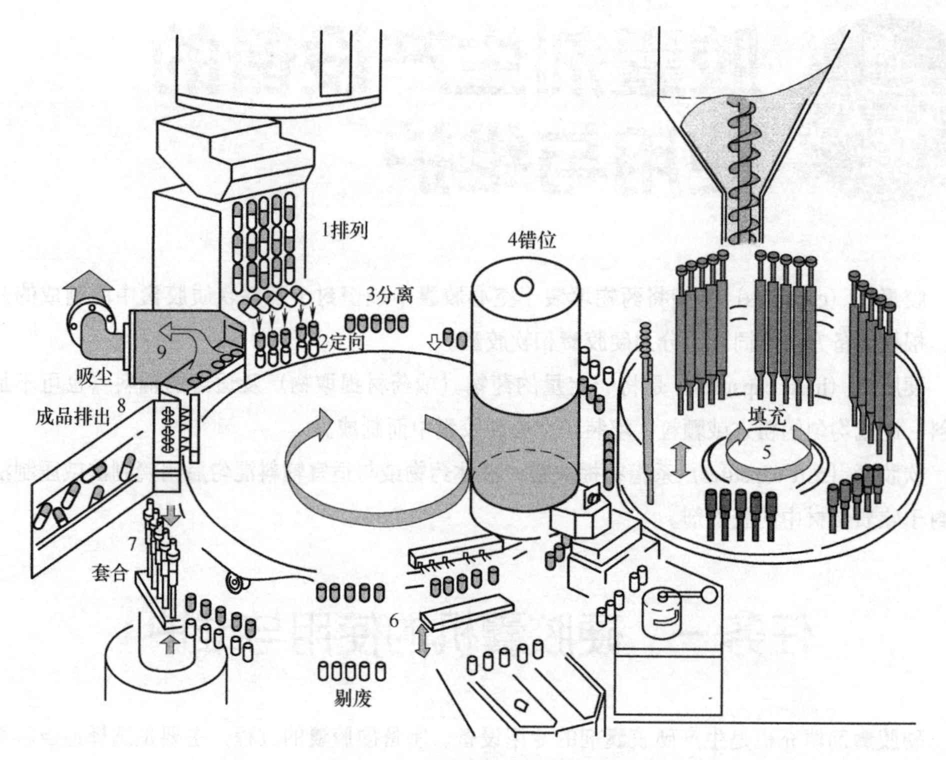

图8-1 全自动胶囊填充机结构图

图8-2 全自动胶囊填充机外观图

（二）工作原理

全自动胶囊填充机主要工作原理是机器运转时，胶囊料斗内的胶囊会逐个地竖直进入分送装置的定向装置内。空胶囊经定向排列后，囊帽向上落入囊板孔中。随后拔囊装置利用真空将体帽分开。体帽错位后，胶囊体移至定量装置的下方，充填杆把压实的药柱推入到下模块的胶囊内，未分开的胶囊被剔除装置排除。完成充填的胶囊体与胶囊帽扣合，随后经出囊口被推出。

二、操作设备

请扫二维码查看，视频由南京药育智能科技有限公司提供。

9.胶囊机的操作

（一）准备工作

（1）检查各部件是否完好无损，并对各润滑部位加油。

（2）接通电源，将电控箱上空气开关拨向“合”的位置，控制板上的参数显示器亮起。

（3）按下真空启动触摸键“ON”，真空泵启动检查其运行情况和旋转方向。

（4）本机使用气压在0.4～0.7MPa之间。

（二）调试和操作

（1）确认真空泵气泵旋转方向与箭头指向一致后，将速度旋扭“R”旋向低的位置。

（2）启动播囊电机。按下触摸键“ON”，旋动旋钮使播囊机构逐步升速，直至最高速，运转应平稳无卡滞现象和不正常噪声。

（3）向料斗倒入空胶囊，先在低速试播囊，运转正常后逐步升速直至升至合适速度为止。（速度取决于胶囊的质量。）

（4）将下模板扣在转盘上，并给料斗加药，按下充填键“ON”即行对胶囊进行填充。

（5）将上模盖回已填充药粉的下模板，并将它们同时移向锁紧之位，使顶针正好插入模孔，让锁紧盖板转向下方，用脚轻踏脚踏阀，使胶囊锁紧并流入集囊箱。

（三）停机

（1）将速度旋钮“R”调至低速，按下真空泵关闭按钮“OFF”，真空泵停止运行，按播囊触摸键“OFF”停止充填。

（2）关闭电源控制开关，各种参数显示板指示灯灭，停机完毕。

（3）停机后按照岗位工艺要求对整机进行清洁。

（四）维修与保养

（1）生产中注意油雾供给系统润滑，每隔2h观察油杯中机油，不足的要加油（一般1～3min喷出一滴油），并记录在保养卡上。

（2）每月生产前或停用后对该机整机检查一次，检查内容包括：气动系统、电路部分、传动部分、油雾系统等。并记录在设备检修完成记录中。

三、胶囊充填岗位标准操作程序（示例）

（一）准备工作

（1）岗位操作人员穿戴应符合人员卫生管理程序及工作服装管理程序规定，并按实际需要戴好防护用品（乳胶手套、3M口罩、护目镜等）。

（2）岗位操作人员到组长处领取批生产记录及生产状态标识卡，确认生产状态标识卡上的内容与实际生产内容一致。

(3) 按批生产记录规定到模具间选择合适的模具，逐一检查模具的完好性，与模具管理员做交接，填写模具（零部件）领用记录，签名。

(4) 岗位操作人员到生产用具储存间领取胶囊充填所需的筛网、吸尘器捕尘袋、容器等用具，确认其完好、清洁并查看是否超过清洁有效期（清场合格证第三联），如超过清洁有效期的，须重新清洁并经组长确认后才能使用，在生产前需用75%酒精消毒处理。

(5) 确认批生产记录及相关文件齐全；确认工作环境的温湿度符合要求（温度18～26℃，相对湿度45%～65%）；确认生产所用机器及用具的清洁，无上一批次产品残存物及相关文件；经组长确认模具规格后，将已清洁”标示牌更换为“运行”标示牌，按胶囊填充机操作程序安装模具。

(6) 按胶囊分选抛光机操作程序安装分选抛光机。

(7) 确认安装过程中设备零件是否完整，所使用的工具是否已全部归位，设备内外有无遗漏工具。缺失或破损的零件需及时补充或更新，遗失工具应立即检查设备周边并报告组长，待组长确认后方可试机。用丝光毛巾蘸取75%的酒精擦拭机器接触药粉的部位并待其完全挥发。

(8) 岗位操作人员按批生产记录到中间站终混颗粒暂存区领取终混颗粒，核对指令、品名、规格、批号、岗位、桶数、重量及绿色合格标签等，核对无误后复称重量并打印附于批生产记录上，并填写中间站交接记录。到存囊间领取规定规格的空胶囊，复核接收号、数量，无误后填写内包材暂存间交接记录，签名。

(9) 填充机试机前必须手动盘动（充填杆进出计量盘两次以上），确认计量盘安装精度，再转至点动，空机慢速运行一周，确认模具安装精度，最后恢复至自动，空机运行。试机过程中操作人员应注意设备运行状态（运行声响），发现异常立即停机检查，查明原因并解决后方可进行下一步操作。

(10) 由组长进行区域卫生检查及核对物料后，岗位操作人员方可开始生产。

(11) 校准电子天平，填写仪器校准记录，签名。

（二）充填

(1) 按批生产记录由组长计算标准装量及装量范围，并经QA人员复核，确认并签字后，岗位操作人员方可进行装量调试。调试操作重点控制参数：空胶囊粒重（3次30粒空胶囊称重，求平均值），胶囊标准粒重（标准粒重=空胶囊粒重+标准装量），胶囊粒重范围（分为车间范围、公司范围），胶囊锁口。

调试装量时，以标准粒重为基准。胶囊锁口需锁紧，但需有余地，太紧会导致胶囊瘪头。

(2) 药粉加入少量到计量盘内，按胶囊填充机操作程序调整粒重，经QA人员首检合格后，方可正常生产。正常生产中重点控制参数：机器运行速度（站/min、粒/h），胶囊粒重，胶囊外观（锁口、瘪头、翘皮、抛帽）。

(3) 岗位操作人员按胶囊分选抛光机操作程序进行操作，将胶囊分选抛光机连接在填充机出料口对半成品进行抛光和分选，在分选装置中通过清洁的压缩空气将装量轻微、空壳、碎片以及体帽分离的不良品胶囊收集到积存器内。开机前对生产出来的半成品进行胶囊分选测试，确保将空胶囊及半壳吹出。

（4）抛光过程中，岗位操作人员要随时留意胶囊输送状况，防止胶囊在磨光机内堵塞造成不良品，避免不必要的损失。

（5）若胶囊半成品表面附着大量粉末，则在抛光过程中需根据抛光后胶囊表面的光洁度及润滑性，及时更换洁净的毛刷。

（6）正常生产过程中，按批生产记录要求，每半小时一次抽取规定的粒数，检查粒重、粒重差异。填写胶囊剂充填记录表，粒重最大偏差不得超出偏差极限，否则应立即停止生产，重新调整粒重。待调整合格后，方可继续生产。测试样品不再返回半成品中，作为污粉处理。合格的半成品装入内衬有两层洁净塑料袋的不锈钢桶中密闭保存，称重打印，计算收率。

（7）调整粒重生产的胶囊不再放入成品，生产结束后作为污粉处理。胶囊剂充填记录表中出现异常时，则应将出现异常情况的抽样点与前次抽样点区间内的胶囊取出，生产后作为污粉处理。

（8）入站：充填抛光好的胶囊若需要进行检视则进入中间站待检视半成品暂存区，若不需要检视则进入待包装半成品暂存区，且在装胶囊的不锈钢桶外均有明确标示，注明指令、品名、规格、批号、岗位、生产日期、责任人，重量，并附重量打印记录及黄色待验标签。填写中间站交接记录，签名。QA人员抽样检验，检验合格后发放绿色合格标签。

（三）生产结束

（1）一个批号产品生产结束后，取出吸尘器、真空泵、充填计量盘、测试胶囊、调机胶囊及过滤袋中的药粉，称重，作为污粉交于组长，填写废弃物台账。综合药粉重量，平衡物料。

（2）生产结束后，检查所使用的筛网、容器的完整性，如有异常，上报主管，对可能有异常的半成品集中处理。生产区域或设备将“运行”标示牌更换为“完好停车-待清洁”标示牌。清洁则按清洁程序及所用设备清洁的SOP清洁。清洁结束后将“完好停车-待清洁”标示牌更换为“完好停车-已清洁”标示牌，取下生产状态标识卡及前批次清场合格证副本，填写清洁清场记录表，经QA人员检查确认合格并发放清场合格证后，在操作间门挂上本批清场合格证副本（绿色第二联）。

（3）及时正确填写好批生产记录、设备使用记录、设备清洁记录、岗位清洁记录及其他相关表单等，并将填写完整的批生产记录交于组长。

（4）关闭水、电、气开关或阀门并再次确认后，岗位操作人员方可离开生产现场。

（四）生产过程中所需填写的表单或记录

生产过程中所需填写的表单或记录如表8-1所示。

表8-1　生产过程中需填写的表单或记录

表单或记录名称	填写人员	填写时间
生产状态标识卡	制造组长	投料生产前
温湿度记录表	岗位操作人员	间隔2小时填写
批生产记录	岗位操作人员/组长	按生产进程及时填写
偏差记录表	岗位操作人员/组长	生产发生偏差时记录
胶囊剂充填记录表	岗位操作人员	充填过程每半小时填写

续表

表单或记录名称	填写人员	填写时间
仪器校正记录	岗位操作人员	仪器校正后及时填写
仪器使用记录	岗位操作人员	仪器使用后
仪器清洁记录	岗位操作人员	仪器清洁后
设备使用记录	岗位操作人员	设备使用后
设备清洁记录	岗位操作人员	设备清洁后
岗位清洁记录	岗位操作人员	岗位清场后
固型剂生产场所清洁清场记录表	岗位操作人员/组长	生产结束清洁后
中间体、半成品标示卡	岗位操作人员	半成品桶重标示
中间站标示卡	岗位操作人员	半成品标示
清场合格证	岗位操作人员/QA人员	生产结束清洁后

（五）胶囊充填过程中常出现的问题及解决方法

如表8-2所示为胶囊充填过程中常出现的问题及解决方法。

表8-2　胶囊充填过程中常出现的问题及解决方法

异常	序号	原因分析	解决方法
装量差异不理想	1	颗粒的粒度／堆密度不理想	更换适当的计量盘、重新整粒或制粒、增加润滑剂用量
	2	充填杆位置不合适	调整充填杆位置至适当高度
	3	充填部位弹簧断裂	更换弹簧
	4	充填杆黏冲	清洁充填杆，调低充填杆压力
胶囊不分离	1	真空泵压力不够	提高真空泵真空度
	2	真空管堵塞或破裂脱落	检查疏通真空管道
	3	上下模错位	重新校正上下模位置
	4	集粉桶布袋堵塞	清理集粉桶布袋中的粉末或定时更换布袋
	5	集粉桶漏气	重新密闭集粉桶或换用其他密闭性良好的集粉桶
胶囊下料口不下料	1	下料口堵塞	清除下料口杂物
	2	空胶囊有翘皮现象	检查并清除
	3	空胶囊体帽有脱离现象	检查并清除
胶囊抛帽	1	真空泵压力太大	降低真空泵的真空度
	2	机速过高	降低机速
胶囊瘪头	1	填充机锁口驿站顶针位置调整过高或倾斜，胶囊被压瘪	下调或校正顶针位置（注意胶囊锁口的松紧）
	2	胶囊内药粉柱长度过长，超过了胶囊体长，产生超长胶囊	采用厚度薄一点的计量盘，加大充填杆压力，压缩粉柱长度（仅对可压性好的粉末有效）。若粉末多批次均有此类现象，建议换用大号胶囊
胶囊翘皮	1	填充机顶针位置倾斜	调整顶针位置
	2	空胶囊本身圆整度不够	换用其他胶囊
自动停机	1	机器负载太大	降低机器负载
	2	粉面探测器未探测到药粉	手动加料；调整探测器位置或灵敏度
	3	料斗搅拌器反转，下料速度缓慢	重新连接搅拌器电线
	4	空胶囊不足	加入空胶囊

（六）胶囊抛光过程中常出现的问题及解决方法

如表8-3所示为胶囊抛光过程中常出现的问题及解决方法。

表8-3　胶囊抛光过程中常出现的问题及解决方法

异常	序号	原因分析	解决方法
装量轻微、空壳、碎片以及体帽分离的不良品胶囊剔除不了	1	压缩空气压力偏小	加大压缩空气压力
	2	胶囊加入太快	放慢加入速度
合格半成品被剔除	1	压缩空气压力偏大	减小压缩空气压力
	2	胶囊加入太快	减慢加入速度
半成品表面附有粉尘，抛光不净	1	毛刷上粉尘太多	清洁毛刷或更换毛刷
	2	抛光机电机转动速度过快	降低电机转动速度

任务拓展　双语课堂

Auto Hard Capsule Filling Machine

Features and functions:

(1) It is a fully automatic capsules filling machine. The machine can complete the following processes automatically including feeding capsules, opening capsules, filling drugs, rejecting unqualified products, closing capsules, outputting products, cleaning molds.

(2) machines meet GMP, ISO, CE standards.

(3) Fully automatic working principle decreases cost of human consumption but increases production efficiency.

(4) Totally closed working station keeps environment dustless, clean and sanitary and safe.

(5) PLC and touch screen makes high precision, easy operation, clear display.

(6) Imported electrical equipments and bearing main parts guarantees stable, high efficient, precise performance.

Main technical parameters:

Machine weight	1500kg
Machine Dimensions	1175(+382) mm*1230 mm*1955 mm
Power Supply	380/220 V, 50 Hz
Motor power	8kW
No.of segment bores	18
Vacuum	$72m^3/h$, 0.03 ～ −0.05MPa
Dust	20kPa, $210m^3/h$
Noise	<75DB(A)
Making rate	99.8%
Suitable for Capsule	000,00.0,1,2,3,4.5#
Filling error	±2.5% ～ ±3.5%

全自动硬胶囊填充机

特点与功能：

(1) 全自动硬胶囊填充机可以自动完成送入胶囊、打开胶囊、填充药物、剔除不合格产品、闭合胶囊、输出产品、清洁模具等工序。

(2) 机器符合GMP、ISO、CE标准。

(3) 全自动工作降低了人员消耗成本，提高了生产效率。

(4) 完全封闭的工作台，保持环境无尘、清洁、卫生、安全。

(5) PLC和触摸屏精度高，操作简便，显示清晰。

(6) 进口电气设备及轴承等主要部件，性能稳定、高效、精确。

主要技术参数：

重量	1500kg
尺寸	1175(+382) mm*1230 mm*1955 mm
供电	380V/220V, 50Hz
电机功率	8kW
段孔数	18
真空度	72m³/h, 0.03 ～ −0.05MPa
粉尘量	20kPa, 210 m³/h
噪声	<75DB(A)
上机率	99.8%
胶囊型号	000,00.0,1,2,3,4.5#
装置差异	±2.5% ～ ±3.5%

任务二　认识软胶囊剂生产设备

一、滚模式软胶囊机

（一）设备结构

滚模式软胶囊机主要由机座、机身、机头、供料系统、油滚、下丸器、明胶盒、润滑系统组成，如图8-3所示。

（二）工作原理

软胶囊制备常采用压制机生产，将明胶与甘油、水等溶解制成胶板或胶带，再将药物置于两块胶板之间，调节好出胶皮的厚度和均匀度，用钢模压制而成。连续生产采用自动旋转轧囊机，两条机器自动制成的胶带向相反方向移动，到达旋转模前，一部分已加压结合，此时药液从填充泵中经导管进入胶带间，旋转进入凹槽，后胶带全部轧压结合，将多余胶带切割即可，制出的胶丸，先冷却固定，再用乙醇洗涤去油，干燥即得。压制法产量大，自动化程度高，成品率也较高，计量准确，适合于工业化大生产。

（三）工艺流程

药液+胶液→压制成丸→洗净→干燥→挑选→上光→包装。

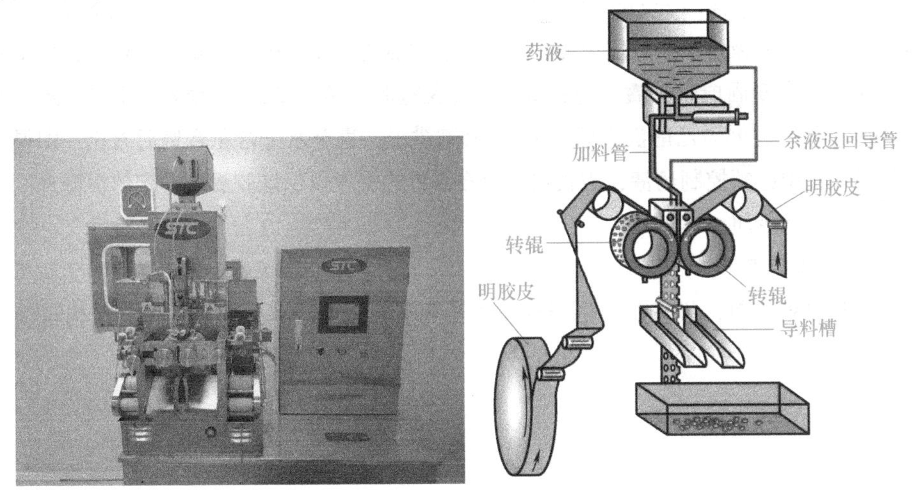

图8-3 软胶囊机及主要结构与外观图

二、滴制式软胶囊机

（一）设备结构

主要由滴制部分、冷却部分、电器自控系统和干燥部分组成，如图8-4所示。

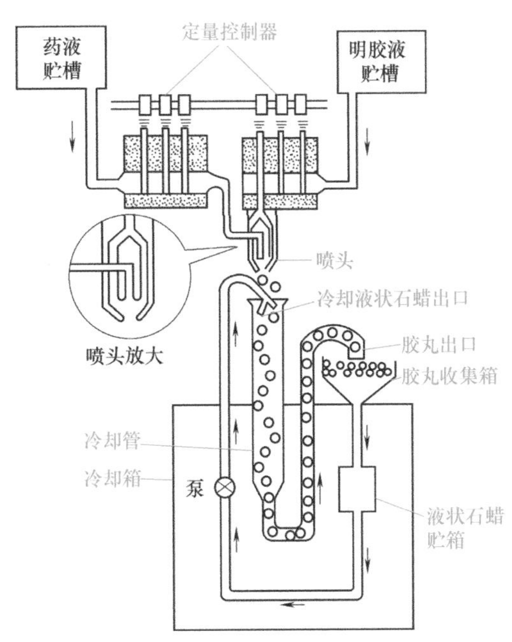

图8-4 滴制式软胶囊机结构

（二）工作过程

用滴制机生产软胶囊剂，将油料加入料斗中，明胶浆加入胶浆斗中，并保持一定温度；盛软胶囊器中放入冷却液（必须安全无害，和明胶不相混溶，一般为液体石蜡、植物油、硅油等)，根据每一胶丸内含药量多少，调节好出料口和出胶口；胶浆、油料先后以不同的速度从同心管出口滴出，明胶在外层，药液从中心管滴出，明胶浆先滴到液体石蜡上面并展开，油料立即滴在刚刚展开的明胶表面上，由于重力加速度的道理，胶皮继续下降，使胶皮完全封口，油料便被包裹在胶皮里面，再加上表面张力作用，使胶皮成为圆球形，由于温度不断下降，逐渐凝固成软胶囊；将制得的胶丸在室温（20 ～ 30℃）冷风下干燥，经石油醚洗涤两次，再经过95%乙醇洗涤后于30 ～ 35℃烘干，直至水分含量合格后为止，即得软胶囊。制备过程中必须控制药液、明胶和冷却液三者的密度以保证胶囊有一定的沉降速度，同时有足够的时间冷却。

（三）工作特点

滴制法设备简单，投资少，生产过程中几乎不产生废胶，生产成本低，结构与滴丸机一致。

任务实施　胶囊剂的制备

【学习情境描述】

根据制药企业的胶囊剂的要求，按照标准操作规程进行胶囊剂的生产。

【学习目标】

1. 通过理论学习掌握胶囊生产设备的结构、原理和正确操作方法。

2. 在教师的指导下，利用仿真实训软件，完成胶囊剂的生产。

【获取信息】

引导问题1：请填写全自动胶囊填充机各标注部分组件的名称。

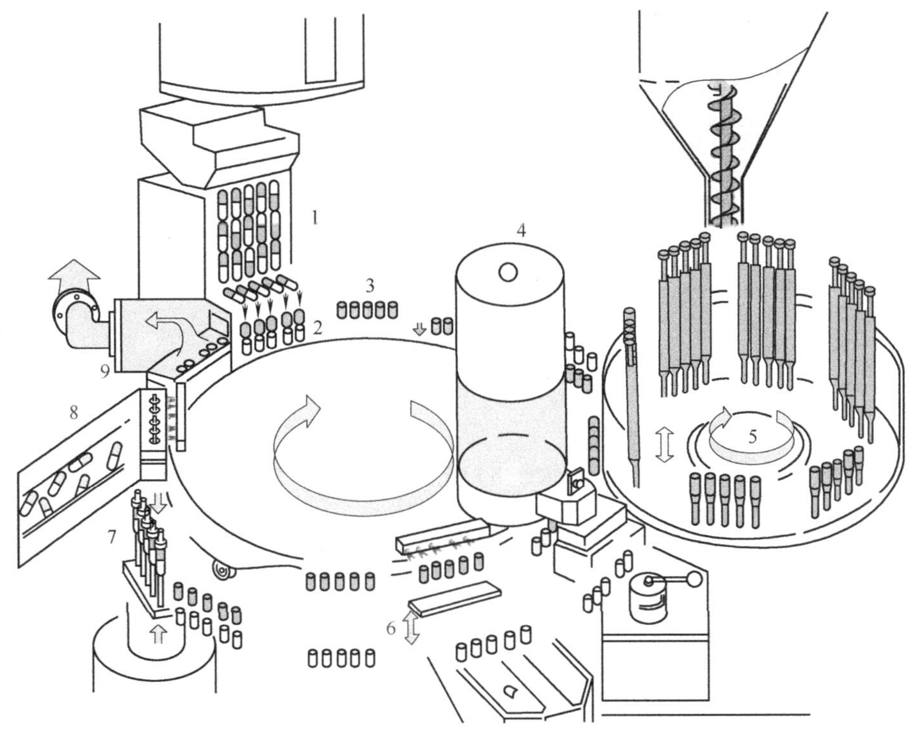

引导问题2：全自动胶囊填充机工作原理是什么？

引导问题3：如何正确操作全自动胶囊填充机?

引导问题4：在下图的方框里填入软胶囊机各部件名称。

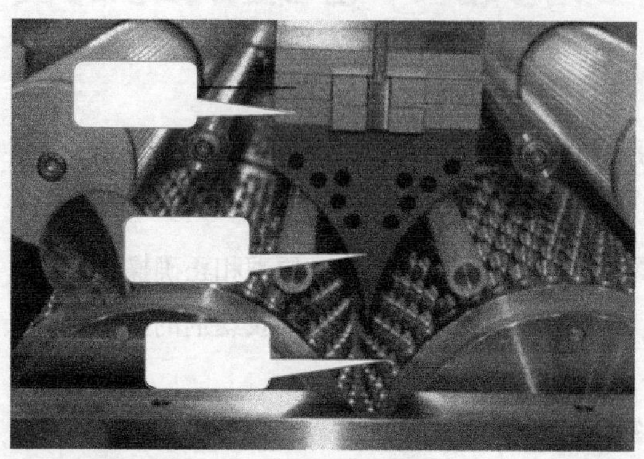

引导问题5：如何正确操作软胶囊机?

【生产记录】

硬胶囊填充岗位生产记录

<table>
<tr><td colspan="2">生产日期</td><td></td><td>班次</td><td></td></tr>
<tr><td colspan="2">品名</td><td></td><td>规格</td><td></td></tr>
<tr><td colspan="2">批次</td><td></td><td>理论量</td><td></td></tr>
<tr><td rowspan="10">生产操作</td><td>填充时间</td><td></td><td>填充开始</td><td></td></tr>
<tr><td>填充结束</td><td></td><td>模具规格</td><td></td></tr>
<tr><td>每粒重</td><td></td><td>装量差异</td><td></td></tr>
<tr><td>崩解时限</td><td></td><td>胶囊壳颜色</td><td></td></tr>
<tr><td>装量差异
检查频次</td><td></td><td>填充速度</td><td></td></tr>
<tr><td>领颗粒量</td><td></td><td>领胶囊壳量</td><td></td></tr>
<tr><td>颗粒余量</td><td></td><td>胶囊总量</td><td></td></tr>
<tr><td>取样量</td><td></td><td>废料量</td><td></td></tr>
<tr><td>设备名称</td><td></td><td>设备编号</td><td></td></tr>
<tr><td rowspan="3">物料平衡</td><td>公式</td><td colspan="3">（胶囊总量+取样量+颗粒余量）/领颗粒量×100%</td></tr>
<tr><td>计算</td><td colspan="3"></td></tr>
<tr><td>限度</td><td colspan="3">符合限度□
不符合限度□</td></tr>
<tr><td>备注</td><td colspan="4">偏差分析及处理：</td></tr>
</table>

操作人		复核人		QA人员	

软胶囊制备岗位生产记录

<table>
<tr><td colspan="2">品 名</td><td colspan="2"></td><td>规 格</td><td colspan="2"></td></tr>
<tr><td colspan="2">批 次</td><td colspan="2"></td><td>理论量</td><td colspan="2"></td></tr>
<tr><td colspan="2">生产日期</td><td colspan="5"></td></tr>
<tr><td colspan="2">设备</td><td colspan="2">滚模式软胶囊机</td><td>喷体温度</td><td colspan="2">38℃</td></tr>
<tr><td colspan="2" rowspan="2">药液</td><td>上班剩余量</td><td>领用量</td><td>使用量</td><td>剩余量</td><td>残损量</td></tr>
<tr><td></td><td></td><td></td><td></td><td></td></tr>
<tr><td colspan="2">胶液</td><td></td><td></td><td></td><td></td><td></td></tr>
<tr><td colspan="2">左明胶盒温度</td><td></td><td></td><td></td><td></td><td></td></tr>
<tr><td colspan="2">胶丸平均重量</td><td></td><td></td><td></td><td></td><td></td></tr>
<tr><td colspan="2">时间</td><td></td><td></td><td></td><td></td><td></td></tr>
<tr><td colspan="2">丸重</td><td></td><td></td><td></td><td></td><td></td></tr>
<tr><td colspan="2">平均装置</td><td></td><td></td><td></td><td></td><td></td></tr>
<tr><td colspan="2">转笼温度</td><td></td><td></td><td></td><td></td><td></td></tr>
<tr><td colspan="2">总重量</td><td>折合粒/万</td><td>本班产量</td><td>本批产量</td><td>本批数量</td><td>废料数量</td></tr>
<tr><td colspan="2"></td><td></td><td></td><td></td><td></td><td></td></tr>
<tr><td rowspan="3">物料平衡</td><td>公式</td><td colspan="5">（折合粒×平均装置）/药液总量×100%</td></tr>
<tr><td>计算</td><td colspan="5"></td></tr>
<tr><td>限度</td><td colspan="5">符合限度□
不符合限度□</td></tr>
<tr><td>备注</td><td colspan="6">偏差分析及处理:</td></tr>
<tr><td colspan="2">操作人</td><td colspan="2"></td><td>复核人</td><td>QA人员</td><td></td></tr>
</table>

项目九 片剂生产设备的使用与维护

片剂（tablets）是由药物与适宜辅料均匀混合后压制而成的片状或异形片状制剂，可供内服或外用，是目前临床应用最广泛的剂型之一。片剂生产设备主要有压片机、包衣机、抛光机。

任务一 压片设备的使用与维护

压片机是将各种颗粒或粉状物料置于模孔内，用冲头压制成片剂的机器。压片过程由加料、压片、推片组成。按照构造的不同，可分为单冲压片机和多冲压片机（如旋转式压片机）。

一、单冲压片机

单冲压片机能将各种颗粒状原料压制成圆片，适用于实验室试制或小批量生产各种药片、糖片、钙片、异形片等。单冲压片机是一种小型台式电动（手动）连续压片的机器，机上装一副冲模，物料的充填深度、压片厚度均可调节。可根据制剂要求选用各种形状的模具。

（一）认识设备

1. 主要结构

单冲压片机主要由冲模（一副：上冲、下冲、模圈）、调节器（三个：压力、片重、出片）、加料斗、加料器、手轮等部件组成，如图9-1、图9-2所示。

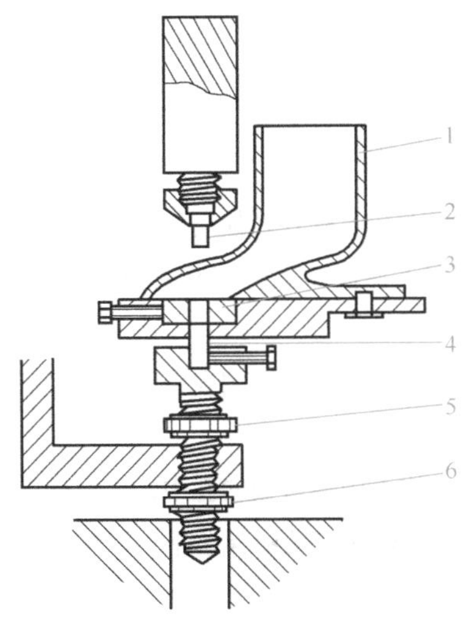

1—加料器；2—上冲；3—中模；4—下冲；
5—出片调节器；6—片重调节器

图9-1 单冲压片机的结构图

图9-2 单冲压片机外观图

2. 工作原理

单冲压片机的下冲的冲头由中模孔下端进入中模孔，封住中模孔底，利用加料器向中模孔中填充药物，上冲的冲头从中模孔上端进入中模孔，并下行一定距离，将药粉（颗粒）压制成片；随后上冲上升出孔，下冲上升至与模台齐平将药片顶出中模孔，最后刮粉器将药片推出，完成一次压片过程；下冲下降到原位，准备再一次填充。单冲压片机的工作原理如图9-3所示。

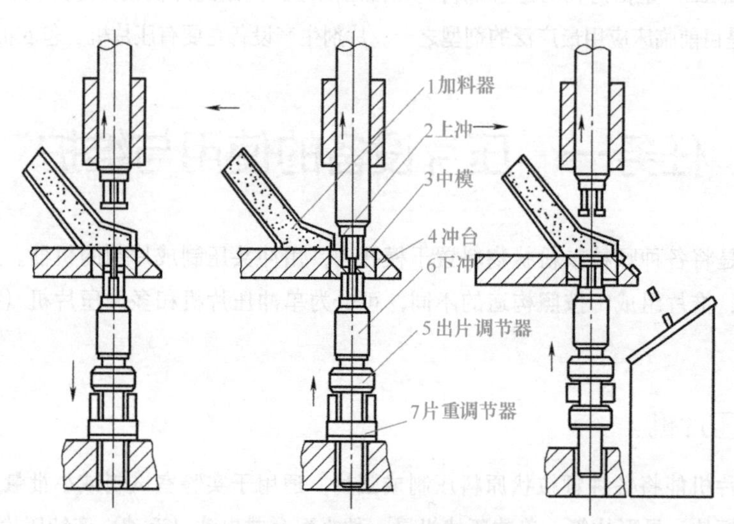

图9-3 单冲压片机的工作原理

3. 压片特点

单冲压片机由一副冲模组成，压片时下冲固定不动，仅上冲运动加压。这种单侧施压的压片方式，压力分布不均匀，易产生松片、裂片等问题。单冲压片机的产量一般为80～100片/min，适用于新产品的试制或小量生产。

（二）操作设备

1. 使用方法

首先将设备擦拭干净，选择合适的冲模进行安装。

(1) 冲模的安装

① 安装下冲：旋松下冲固定螺钉，转动手轮使下冲芯杆升到最高位置，把下冲芯杆插入下冲芯杆的孔中（注意使下冲芯杆的缺口斜面对准下冲固定螺钉，并要插到底），最后旋紧下冲固定螺钉。

② 安装上冲：旋松上冲紧固螺母，把上冲芯杆插入上冲芯杆的孔中，要插到底，用扳手卡住上冲芯杆下部的六方，旋紧上冲紧固螺母。

③ 安装中模：旋松中模固定螺钉，把中模拿平放入中模台板的孔中，同时使下冲进入中模的孔中，按到底然后旋紧中模固定螺钉。放中模时须注意把中模拿平，以免歪斜放入时卡住，损坏孔壁。

④ 用手转动手轮，使上冲缓慢下降进入中模孔中，观察有无碰撞或摩擦现象，若发生碰撞或摩擦，则松开中模台板固定螺钉（两只），调整中模台板固定的位置，使上冲进入中

模孔中，再旋紧中模台板固定螺钉，如此调整直到上冲头进入中模时无碰撞或摩擦方为安装合格。

（2）出片的调整　转动手轮使下冲升到最高位置，观察下冲口面是否与中模平面相齐（或高或低都将影响出片），若不齐则旋松蝶形螺钉，松开齿轮压板转动上调节齿轮，使下冲口面与中模平面相齐，然后仍将压板安上，旋紧蝶形螺钉。

至此，用手摇动手轮，空车运转十余转，若机器运转正常，则可加料试压，进行下一步调整。

（3）充填深度的调整（即药片重量的调整）　旋松蝶形螺钉，松开齿轮压板。转动下调节齿轮向左转使下冲芯杆上升，则充填深度减少（药片重量减轻）。调好后仍将齿轮压板安上，旋紧蝶形螺钉。

（4）压力的调整（即药片硬度的调整）　旋松连杆锁紧螺母、转动上冲芯杆。向左转使上冲芯杆向下移动，则压力加大，压出的药片硬度增加；反之，向右转则压力减少，药片硬度降低。调好后用扳手卡住上冲芯杆下部的六方，仍将连杆锁紧螺母锁紧。至此，冲模的调整基本完成，再启动电机试压十余片，检查片重，硬度和表面光洁度等质量如合格，即可投料生产。在生产过程中，仍须随时检查药片质量，及时调整。

（5）模的拆卸

① 拆卸上冲：旋松上冲紧固螺母，即可将上冲芯杆拔出，若咬合较紧，可用手钳夹住上冲芯杆将其拔出，但要注意不可损伤冲头棱刃。

② 拆卸中模：旋松中模固定螺钉，旋下下冲固定螺钉，旋松蝶形螺钉，松开齿轮压板。转动调节齿轮使下冲芯杆上升约10mm，轻轻转动手轮，使下冲芯杆将中模顶出一部分，用手将中模取出，若中模在孔中配合紧密，不可用力转动手轮硬顶，以免损坏机件。这时须拆下中模台板再取出中模。

③ 拆卸下冲：先旋下下冲固定螺钉，再转动手轮使下冲芯杆升到最高位置，即可用手拔出下冲芯杆。若配合紧密，可用手钳夹出（注意不要损伤冲头棱刃）。

④ 冲模拆卸后尚须转动调节齿轮，使下冲芯杆退下约10mm，转动手轮使下冲芯杆升到最高位置时，其顶端不高于中模台板的底面即可（这一步不要忽略，以免再次使用时发生下冲芯杆与中模顶撞的事故）。最后仍将下冲固定螺钉旋上。

2.维护保养

（1）各运动机件摩擦面的润滑是保证机器正常运转和延长使用寿命的重要环节，特别是各主要运动件若在缺油情况下干转会迅速损坏而不能使用，因此压片机在使用前必须将全部油杯、油孔和摩擦面加上润滑油，并空车运转使各摩擦面布满油膜，然后方可投入使用。今后每班按时加油，但每次加油也不可过多，以免溢出影响清洁，沾污药片。

（2）每班前均须检查各螺钉是否松动，在工作过程中也应经常注意检查，如有松动立即旋紧，以免发生故障。其主要部位有：上冲紧固螺母、中模固定螺钉、下冲固定螺钉，连杆锁紧螺母，升降叉锁紧螺母（2只）、蝶形螺钉，中模台板固定螺钉（2只）。

（3）冲模是否完好直接影响到片剂的外观是否合格，因此每次使用完毕，必须将冲模擦拭干净，并置于润滑油中保存。

二、旋转式压片机

（一）认识设备

1. 设备结构

旋转式压片机的主要工作机构如图9-4所示，包括绕轴而旋转的机台、上下冲模、压轮、片重调节器、压力调节器、加料斗、饲粉器、吸尘器等部件。机台分为三层，机台的上层装有若干上冲，中层装模圈，下层的对应位置装着下冲。机器转动时，上冲与下冲各自随机台转动并沿着固定的上下冲轨道有规律地作升降运动；当上冲和下冲分别经过彼此对应的上、下压轮时，上冲向下、下冲向上运动并对模孔中的颗粒加压；机台中层装有一个固定的饲粉器，颗粒由处于饲粉器上方的加料斗不断地通过饲粉器流入模孔；压力调节器装在下压轮的下方，通过调节下压轮的高低位置，改变上下冲头在模圈中的相对距离，当下压轮升高时，上下冲头间的距离缩短，压力加大，反之压力减小。片重调节器装在下冲轨道上，用来调节下冲经过刮粉器时的高度，以调节模孔

图9-4　旋转式压片机外观图

的容积而改变片重。普通型旋转式压片机有19冲、35冲等型号，按流程分为单流程及双流程等。单流程压片机如国产ZP-19型，仅有一套压轮（上下压轮各一个），旋转一周每个模孔仅压制出一个药片；双流程压片机如国产ZP-35型，机台中盘每旋转一周可进行两次压制工序，即每副冲模在中盘旋转一周时可压制出两个药片。

2. 工作原理

旋转式压片机的压片流程如图9-5所示。充填：下冲转到饲粉器之下时，颗粒填入模孔，当下冲转动到片重调节器上面时，再上升到适宜高度，经刮粉器将多余的颗粒刮去。压片：当下冲转动至下压轮的上面，上冲转动到上压轮的下面时，两冲之间的距离最小，将颗粒压缩成片。推片：压片后，上下冲分别沿轨道上升和下降，当下冲转动至推片调节器的上方时，下冲抬起并与转台中层的上缘相平，药片被刮粉器推出模孔导入容器中，如此反复进行。

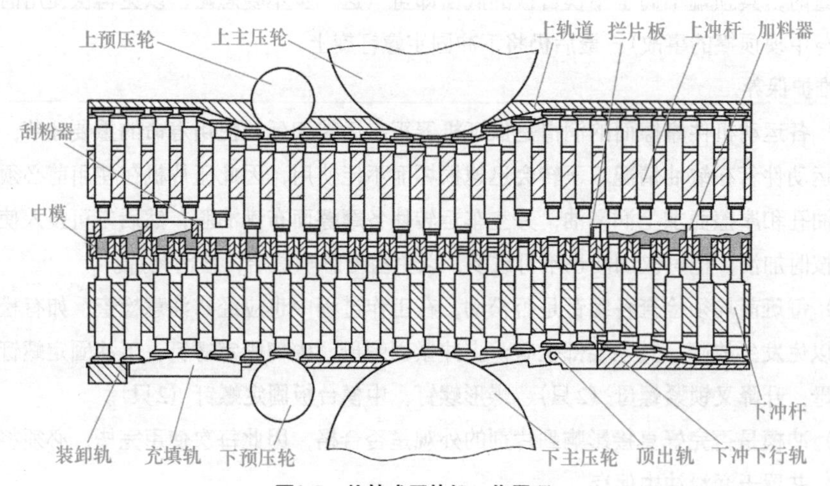

图9-5　旋转式压片机工作原理

3.压片特点

旋转式压片机的饲粉方式相对合理，片重差异较小，由上下相对加压，压力分布均匀，生产效率较高，最大产量8万～10万片/h。

（二）操作设备

请扫二维码查看，视频由徐州医药高等职业学校拍摄。

10.压片机的操作

1.准备模具

从润滑油中取出冲模，用油布擦净，并用酒精消毒备用。由于冲模的质量直接影响到片剂的外观，所以在安装前还必须检查冲模是否完好，尤其是冲头是否有磨损。

2.组装压片机

（1）安装中模圈：将转台上中模固定螺钉逐个旋松，使中模装入时与固定螺钉的头部不相碰为宜。将中模平稳放置在转台上，将打棒穿入上冲孔，向下锤击中模将其轻轻打入，使中模上端与转台平面相平，然后将固定螺钉旋紧。

（2）安装上冲：拆下上冲外罩、上平行盖板和嵌轨，将上冲芯杆插入，检查冲头进入中模的情况。如上下滑动灵活，无卡阻现象，即可转动手轮安装下一个，待全部安装完毕，将嵌轨、上平行盖板、上冲外罩装上。

（3）安装下冲：打开机器侧面的不锈钢外罩，将下冲嵌轨移出，小心地将下冲嵌轨送入嵌轨孔。转动手轮，依次装入下冲，安装完毕后将嵌板盖好并锁紧。转动手轮1～2圈，如能旋转顺畅，合上手柄，盖好不锈钢外罩。

（4）安装加料器：将月形栅式回流加料器置于中模转台上用螺钉固定锁紧。

（5）安装加料斗：将加料斗从机器上部放入，将颗粒流旋钮调至中间位置。

3.调试压片机

压片机安装完毕，手动运转确认无误后，关上玻璃罩，进行试压片。试压过程中调节片重调节器和压力调节器至片重和硬度符合要求，随后进行正式压片。压片过程中定时检查片重和硬度，并随时观察片剂外观，做好记录。

4.清场

（1）将剩余物料收集，交中间站，称量贴签，标明状态，并填写好记录。

（2）清洁并保养设备。

（3）对场地、用具、容器进行清洁消毒，经QA人员检查合格，发清场合格证。

三、压片岗位标准操作程序（示例）

（一）准备工作

（1）岗位操作人员穿戴应符合人员卫生管理程序及工作服装管理程序规定，并按实际需要戴好防护用品（乳胶手套、3M口罩、护目镜等）。

(2) 岗位操作人员到组长处领取批生产记录及生产状态标识卡，确认生产状态标识卡上的内容与实际生产内容一致。

(3) 按批生产记录规定到模具间选择合适的模具，逐一检查模具的完好性，与模具管理员做交接，填写模具（零部件）领用记录，签名。

(4) 岗位操作人员到生产用具储存间领取压片所需的筛网、容器等用具，并确认其完好、清洁并查看是否超过清洁有效期（清场合格证第三联），如超过清洁有效期的，须重新清洁并经组长确认后才能使用，在生产前需用75%酒精消毒处理。

(5) 确认批生产记录及相关文件齐全；确认工作环境的温湿度符合要求（温度18～26℃，相对湿度45%～65%）；确认生产所用机器及用具的清洁，无上一批次产品残存物及相关文件；经组长确认模具规格后，将“已清洁”标示牌更换为“运行”标示牌，按压片机操作程序安装模具。

(6) 按筛片机及金属检测机安装程序安装辅机。

(7) 试机前必须手动盘动一圈，确认模具安装精度及冲模安装数量（上冲、下冲、中模），再转至点动，空机慢速运行一周，最后恢复至自动，空机运行。试机过程中操作人员应注意设备运行状态（运行声响），发现异常立即停机检查，查明原因并解决后方可开始生产。

(8) 确认安装过程中设备零件是否完整，所使用的工具是否已全部归位，设备内外有无遗漏工具。缺失或破损的零件需及时补充或更新，遗失工具应立即检查设备周边并报告组长，待组长确认后方可试机。用丝光毛巾蘸取75%的酒精擦拭机器接触药粉的部位并待其完全挥发。

(9) 岗位操作人员按批生产记录到颗粒中间站领取混合颗粒，核对指令、品名、规格、批号、岗位、桶数、重量及绿色合格标签，核对无误后复称重量并打印附于批生产记录上，并填写中间站交接记录。

(10) 由组长做区域卫生检查及核对物料后，岗位操作人员方可开始生产。

(11) 校准电子天平，填写仪器校准记录，签名。

（二）压片

(1) 岗位操作人员按批生产记录要求计算标准片重及片重范围，组长复核，QA人员确认并签字后，方可进行片重调试。调试操作重点控制参数：标准片重、片重范围（分车间范围、公司范围）、硬度、片厚。

调试先后次序为片重、硬度、片厚。若使用双边给料、双边出料方式，调试时则先调试一边，完毕后再调试另一边，再对两边同时进行确认。

(2) 按压片机操作程序调整片重、硬度及片厚，并检查外观，经QA人员首检合格后，方可进行正常压片生产。正常生产中重点控制参数：机器运行速度（r/min）、片重、片厚、硬度、片剂外观。

(3) 正常生产过程中，按批生产记录要求，每隔30min抽取规定的片数，检查片重、片厚、硬度及片重差异。填写片剂压片制造记录表，片重最大偏差不得超出偏差极限，否则应立即停止生产，重新调整片重。待调整合格后，方可继续生产。测试样品不再返回半成品中，作为污粉处理。

（4）调试过程中产生的半成品不再放入成品，生产结束后作为污粉收集。片剂压片制造记录表中出现异常时，应将出现异常情况的抽样点与前次抽样点区间内生产的片剂与成品分开存放，本批生产结束后称重，作为不合格品交于QA人员。

（5）压片后半成品装入内衬有两层洁净塑料袋的不锈钢桶中密闭保存，必要时充压缩空气，称重打印。

（三）入站

压片后半成品若需要进行检视则进入中间站待检视半成品暂存区，若不需要检视则进入待包装半成品暂存区，且在装片剂的不锈钢桶外均有明确标示，注明指令、品名、规格、批号、岗位、生产日期、责任人、重量，并附重量打印记录及黄色待验标签。填写中间站交接记录，签名。QA人员抽样检验，检验合格后发放绿色合格标签。

（四）生产结束

（1）产品生产结束后，取出给料器中的余粉，与调试及抽样产生的废片一并称重，作为污粉交于组长，填写固型剂废弃物台账，集中收集后定期销毁处理。综合药粉重量，平衡物料。

（2）双边出片压片结束前十分钟，清空一侧料斗及加料器中的粉末，封闭出片导轨，转移至另一侧料斗中继续生产。

（3）生产结束后，检查所使用的筛网、容器的完整性，如有异常，上报主管，对可能有异常的半成品集中处理。生产区域或设备将"运行"标示牌更换为"完好停车-待清洁"标示牌。清洁则按一般制剂制造场所清洁程序及所用设备清洁的SOP清洁。清洁结束后将"完好停车-待清洁"标示牌更换为"完好停车-已清洁"标示牌，取下生产状态标识卡及前批次清场合格证副本，填写固型剂生产场所清洁清场记录表，经QA人员检查确认合格并发放清场合格证后，在操作间门挂上本批清场合格证副本（绿色第二联）。

（4）及时正确填写好批生产记录、设备使用记录、设备清洁记录、岗位清洁记录及其他相关表单等，并将填写完整的批生产记录交于组长。

（5）关闭水、电、气开关或阀门并再次确认后，岗位操作人员方可离开生产现场。

（五）生产过程中所需填写的表单或记录

生产过程中需填写的表单或记录如表9-1所示。

表9-1　生产过程中需填写的表单或记录

表单或记录名称	填写人员	填写时间
生产状态标识卡	制造组长	投料生产前
温湿度记录表	岗位操作人员	间隔2小时填写
批生产记录	岗位操作人员/组长	按生产进程及时填写
偏差记录表	岗位操作人员/组长	生产发生偏差时填写
片剂压片制造记录	岗位操作人员	压片过程每半小时填写
仪器校正记录	岗位操作人员	仪器校正后及时填写
仪器使用记录	岗位操作人员	仪器使用后
仪器清洁记录	岗位操作人员	仪器清洁后
设备使用记录	岗位操作人员	设备使用后

续表

设备清洁记录	岗位操作人员	设备清洁后
岗位清洁记录	岗位操作人员	岗位清场后
固型剂生产场所清洁清场记录表	岗位操作人员/组长	生产结束清洁后
中间体、半成品标示卡	岗位操作人员	半成品桶重标示
中间站标示卡	岗位操作人员	半成品标示
清场合格证	岗位操作人员/QA人员	生产结束清洁后

（六）片剂生产中常发生的问题及克服方法

片剂生产中常发生的问题及克服方法如表9-2所示。

表9-2　片剂生产中常发生的问题及克服方法

异常	序号	原因分析	解决方法
片重差异大	1	冲模长度不一致	换冲模或冲头重新进行加工
	2	颗粒粒度不均匀或颗粒流动性不好	处理颗粒至符合要求
	3	加料器中无料	随时观察料斗中是否缺料、调整下料口大小至适当，或改善颗粒的流动性
	4	下冲模表面磨损	换冲模或进行抛光处理
	5	粉尘卡在重量调整导轨处	拆下导轨进行清洁
	6	压片速度设定不合适	重新调整压片速度
	7	药粉在加料器中流动不顺畅	重新调整加料器
上冲模黏冲	1	上冲模磨损	再抛光模具或更换冲模.
	2	颗粒中水分含量偏高	将颗粒重新干燥并重新添加润滑剂
	3	润滑不充分或混合不匀	增加润滑剂用量或充分混合
片子边缘不光滑	1	上下冲模或中模有磨损	更换冲模
厚度／硬度不稳	1	压力轮受磨损	更换磨损片
	2	上冲模或下冲模长度差异大	换模或以锉磨方法调整长度
	3	颗粒粒度不均匀或黏合剂混合不均匀	改进颗粒粒度
下冲模在中模中上下运动不顺畅	1	黏合剂附在冲模上	检查磨损的上下冲模和中模
	2	颗粒中水分含量高	将颗粒重新干燥并重新添加润滑剂
脱帽（揭盖）	1	冲模磨损、变形	换冲模、冲头进行处理或将中模翻转使用
	2	颗粒水分含量太低或细粉太多	增加水分重新混合或重新制粒
药片顶出时碎裂	1	中模位置不正确	检查、调整中模位置
	2	下冲模排出位置不正确	检查并重新安装下冲模顶出导轨
	3	压力不够	适当增加压力至符合要求
	4	对于特殊粉末压片速度太快	减慢速度直至获得外观良好的药片
	5	黏合剂用量不足	制粒时增加黏合剂浓度或用量
	6	颗粒太干	增加水分含量
	7	充填至中模粉末不足	检查储料斗和粉末流量
	8	加料器高度不适当	检查并重新安装栅式加料器

续表

异常	序号	原因分析	解决方法
药片固结在中模中	1	中模的磨损	将中模翻转或更换中模
	2	颗粒中水分含量高	干燥颗粒或添加润滑剂
	3	润滑剂不足	增加润滑剂
松片	1	颗粒水分太低	增加颗粒水分
	2	颗粒细粉太多	制粒、整粒时选择适当规格的筛网或增加黏合剂的浓度、用量
	3	充填量不够、硬度不够或厚度不适当	针对原因分别检查，加以调整
	4	压力不够	调整压力至适当
药片从中间裂开	1	出片挡板安装位置不当	检查并重新安装挡板
	2	下冲模顶出导轨装置安装不正确	检查并重新安装导轨装置
	3	压片速度太快	减慢速度
	4	充填至中模的粉末不足	检查储料斗及粉末流量
	5	上下冲模磨损或损坏	换模具或对冲模进行处理
	6	颗粒中水分含量低	增加水分或增加黏合剂用量
	7	混合时黏合剂添加不足	增加黏合剂浓度或用量
	8	压力过大	降低压力或增加片芯厚度
	9	冲模顶端不平	抛光或调换冲模
	10	加料器安装高度不当	检查并重新安装加料器
粉末的损耗	1	加料器／加料器基座高度不正确	检查并重新安装加料器
	2	下冲模或中模的磨损	重新调换或对冲模进行处理
	3	中模尺寸相差大或加料器刮板损坏	检查后调换或处理
	4	加料器回粉挡板损坏	重新换置回粉挡板
	5	除尘系统不适当	检查并重新调试防尘系统
	6	下料速度过快	减少粉末流量
药片有黑点	1	终混颗粒中有黑点	检查粉末中是否有黑点
	2	上冲模油污太多	清洁上冲模
	3	上冲模或机台部件有磨损	检查上冲模与机台是否有磨损
	4	集油环中油污过多	清洁或更换集油环
药片表面多出一块	1	上下冲模有缺损	更换冲模

任务拓展　双语课堂

Rotary Tablet Press

Application:

This is a compact type of the automatic rotation and continuous tablet press, mainly used in the technical research in pharmaceutical, chemical, food, electronic and other industries, and it is an important equipment for determining whether the grain materials can be pressed into tablets.It is applicable to pressing of grain materials available to be made into tablets (within the range of pressure of the machine) with the powder content (above 100 mesh) not more than 10%.It is applicable to pressing of regular/irregular shape and scoring tablets.It is not applicable to semi-solid, wet grain, materials of low melting point and easily absorbing dampness and powder without grain.

Main technical parameters:

Model	XYP-5/5B	XYP-7/7B	XYP-9/9B
No. of turret press dies /pair	5	7	9
Max operating pressure /kN	40/60	40/60	40/60
Max. tablet pressing diameter/mm	12	12	12
Max. tablet pressing thickness/mm	6	6	6
Max. tablet pressing output,10000/(tablets/h)	0.9	1.26	1.62
Visual dimension/mm	480*635*1100	480*635*1100	480*635*1100
Machine weight/kg	260	260	260
Motor power/kW	1.5	1.5	2.2
Voltage/V	220	220	220

旋转式压片机

应用:

这是一种紧凑型的自动旋转连续压片机，主要用于制药、化工、食品、电子等行业的技术研究，是判断颗粒是否可以压制成片剂的重要设备。适用于粉状含量（100目以上）不超过10%的颗粒的压制（在机器压力范围内）。适用于压制规则/不规则形状的刻痕片剂。不适用于半固体、湿颗粒、低熔点、易吸潮的物料和无颗粒粉末。

主要技术参数:

型号	XYP-5/5B	XYP-7/7B	XYP-9/9B
冲模数/对	5	7	9
最大操作压力/kN	40/60	40/60	40/60
最大压片直径/mm	12	12	12
最大压片厚度/mm	6	6	6
最大产量,10000/（片/h）	0.9	1.26	1.62
外形尺寸/mm	480*635*1100	480*635*1100	480*635*1100
重量/kg	260	260	260
电机功率/kW	1.5	1.5	2.2
电压/V	220	220	220

任务实施　压片

【学习情境描述】

根据制药企业常规要求，按照标准操作规程进行片剂的压片生产。

【学习目标】

1. 能够识别旋转式压片机的主要部件，会进行设备装配，理解压片机的运行原理。

2. 在教师的指导下，按照标准操作规程进行压片操作，完成生产任务，期间会根据具体情况调节设备。

【获取信息】

引导问题1：请根据图中的标识，在横线处对应填写旋转式压片机各部件的名称。

A:________ B:________ C:________ D:________

E:________ F:________ G:________

引导问题2：请区分下列部件，哪个是压片机的上冲，哪个是压片机的下冲?

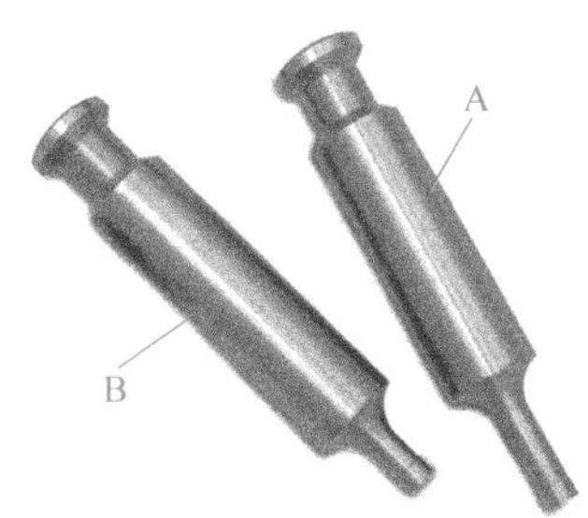

A:________ B:________

引导问题3：压片机安装冲头、冲模的顺序是什么?

____

____

____

引导问题4：旋转式压片机的片重是如何控制的?

引导问题5：旋转式压片机的硬度是如何控制的?

【生产记录】

压片岗位生产前检查记录

<table>
<tr><td>产品名称</td><td></td><td>规格</td><td></td><td>批号</td><td></td></tr>
<tr><td colspan="6">压片工序所执行的操作程序</td></tr>
<tr><td colspan="4">项目</td><td>有</td><td>否</td></tr>
<tr><td colspan="4">1.压片岗位操作及清洁SOP</td><td></td><td></td></tr>
<tr><td colspan="4">2.ZP-35B型旋转式压片机操作及清洁SOP</td><td></td><td></td></tr>
<tr><td colspan="6">压片前检查项目</td></tr>
<tr><td colspan="4">项目</td><td>是</td><td>否</td></tr>
<tr><td colspan="4">1.有无上批产品清场合格证并在有效期内</td><td></td><td></td></tr>
<tr><td colspan="4">2.检查房间内温度、相对湿度是否达到要求，温度______℃，相对湿度______%</td><td></td><td></td></tr>
<tr><td colspan="4">3.压片机、吸尘器是否正常，并已清洁、干燥</td><td></td><td></td></tr>
<tr><td colspan="4">4.领用的颗粒是否有检验报告书</td><td></td><td></td></tr>
<tr><td colspan="4">5.工具、器具、是否齐备，并已清洁、干燥</td><td></td><td></td></tr>
<tr><td colspan="4">6.电、空压、稳压是否正常</td><td></td><td></td></tr>
<tr><td colspan="4">7.是否已调节天平零点</td><td></td><td></td></tr>
<tr><td colspan="6">日期:______年____月____日　　　操作人:________　　　检查人:________</td></tr>
<tr><td colspan="6">备注:</td></tr>
</table>

压片间清场检查记录

清场检查项目		
项目	是	否
1. 是否将所有物料清场		
2. 是否填写生产原始记录		
3. 是否清洁设备、工具、容器		
4. 是否清洁吸尘器		
5. 是否清洁工房		
6. 是否关闭水、电、空压		
7. 是否填写本批清场合格证		
日期：______年____月____日　　操作人：________　　检查人：		
备注：		

压片操作记录1

温度________℃　　相对湿度________%　　______年______月______日______班

<table>
<tr><td colspan="2">产品名称</td><td colspan="2"></td><td colspan="2">规格</td><td></td><td>批号</td><td colspan="2"></td></tr>
<tr><td rowspan="8">指令</td><td>1.</td><td colspan="8">设备名称及编号________</td></tr>
<tr><td>2.</td><td colspan="8">冲模规格为________</td></tr>
<tr><td>3.</td><td colspan="8">设备完好清洁</td></tr>
<tr><td rowspan="2">4.</td><td colspan="8">本批颗粒含量为______________；标准片重为______________g/片</td></tr>
<tr><td colspan="8">片重合格范围______g～________g；片重内控范围________g～________g</td></tr>
<tr><td>5.</td><td colspan="8">需试测________________合格后，方可正式生产</td></tr>
<tr><td>6.</td><td colspan="8">按SOP（编号）________操作</td></tr>
<tr><td>7.</td><td colspan="8">指令编号:________　签发人:________　签发日期:________年________月________日</td></tr>
<tr><td rowspan="5">记录</td><td colspan="4">压片机完好与清洁状态</td><td colspan="5">完好　不完好　清洁　未清洁</td></tr>
<tr><td>物料复核人</td><td rowspan="4">领用颗粒</td><td>桶号</td><td></td><td></td><td></td><td></td><td></td><td></td></tr>
<tr><td></td><td>毛重</td><td></td><td></td><td></td><td></td><td></td><td></td></tr>
<tr><td>颗粒领用人</td><td>皮重</td><td></td><td></td><td></td><td></td><td></td><td></td></tr>
<tr><td></td><td>净重</td><td></td><td></td><td></td><td></td><td></td><td></td></tr>
<tr><td colspan="10">备注:</td></tr>
</table>

压片操作记录2

品名		规格		批号	

<table>
<tr><td rowspan="2">日期</td><td rowspan="2">时间</td><td rowspan="2">车速/(r/min)</td><td colspan="2">10片重量/g</td><td colspan="2">崩解时间/min</td><td colspan="2">脆碎度</td></tr>
<tr><td>左</td><td>右</td><td>左</td><td>右</td><td>左</td><td>右</td></tr>
<tr><td></td><td></td><td></td><td></td><td></td><td></td><td></td><td></td><td></td></tr>
<tr><td></td><td></td><td></td><td></td><td></td><td></td><td></td><td></td><td></td></tr>
<tr><td></td><td></td><td></td><td></td><td></td><td></td><td></td><td></td><td></td></tr>
<tr><td></td><td></td><td></td><td></td><td></td><td></td><td></td><td></td><td></td></tr>
<tr><td></td><td></td><td></td><td></td><td></td><td></td><td></td><td></td><td></td></tr>
<tr><td></td><td></td><td></td><td></td><td></td><td></td><td></td><td></td><td></td></tr>
<tr><td></td><td></td><td></td><td></td><td></td><td></td><td></td><td></td><td></td></tr>
<tr><td colspan="2">外观</td><td colspan="7"></td></tr>
</table>

记录

<table>
<tr><td rowspan="4">压片后各桶重量/kg</td><td>桶号</td><td></td><td></td><td></td><td></td><td></td><td></td><td></td><td></td></tr>
<tr><td>毛重</td><td></td><td></td><td></td><td></td><td></td><td></td><td></td><td></td></tr>
<tr><td>皮重</td><td></td><td></td><td></td><td></td><td></td><td></td><td></td><td></td></tr>
<tr><td>净重</td><td></td><td></td><td></td><td></td><td></td><td></td><td></td><td></td></tr>
</table>

总桶数	桶	总重量	kg	总数量	万	余料重量	kg	取样量	万

$$收率=\frac{中间产品数量}{物料领用量}\times100\%=$$

$$物料平衡=\frac{中间产品数量+余料量+取样量+被污染可计量颗粒重量}{物料领用量}\times100\%=$$

产品质量情况	工艺执行情况	偏差情况/发放意见
签名: 日期:	签名: 日期:	签名: 日期:

片剂中间控制检查记录

<table>
<tr><td>品名</td><td></td><td>规格</td><td></td><td>批号</td><td colspan="2"></td></tr>
<tr><td colspan="7">一、片重检测</td></tr>
<tr><td>标准片重/g</td><td></td><td>平均片重/g</td><td></td><td>片重差异内控范围</td><td colspan="2"></td></tr>
<tr><td>检测时间</td><td colspan="6">______月_____日_____时_____分</td></tr>
<tr><td>序号</td><td>1</td><td>2</td><td>3</td><td>4</td><td colspan="2">5</td></tr>
<tr><td>每片重/g</td><td></td><td></td><td></td><td></td><td colspan="2"></td></tr>
<tr><td>序号</td><td>6</td><td>7</td><td>8</td><td>9</td><td colspan="2">10</td></tr>
<tr><td>每片重/g</td><td></td><td></td><td></td><td></td><td colspan="2"></td></tr>
<tr><td>序号</td><td>11</td><td>12</td><td>13</td><td>14</td><td colspan="2">15</td></tr>
<tr><td>每片重/g</td><td></td><td></td><td></td><td></td><td colspan="2"></td></tr>
<tr><td>序号</td><td>16</td><td>17</td><td>18</td><td>19</td><td colspan="2">20</td></tr>
<tr><td>每片重/g</td><td></td><td></td><td></td><td></td><td colspan="2"></td></tr>
<tr><td>20片重/g</td><td></td><td>实际平均片重/g</td><td></td><td>判定
结果</td><td colspan="2">合格□
不合格□</td></tr>
<tr><td>片重差异范围/g</td><td></td><td>实际差异范围/g</td><td></td><td>判定
结果</td><td colspan="2">合格□
不合格□</td></tr>
<tr><td colspan="7">二、硬度检测</td></tr>
<tr><td>检测时间</td><td colspan="6">______月_____日_____时_____分</td></tr>
<tr><td>片号</td><td>1</td><td>2</td><td>3</td><td>4</td><td colspan="2">5</td></tr>
<tr><td>硬度/N</td><td></td><td></td><td></td><td></td><td colspan="2"></td></tr>
<tr><td>片号</td><td>6</td><td>7</td><td>8</td><td>9</td><td colspan="2">10</td></tr>
<tr><td>硬度/N</td><td></td><td></td><td></td><td></td><td colspan="2"></td></tr>
<tr><td>判定结果</td><td colspan="6">合格□　　不合格□</td></tr>
<tr><td colspan="7">三、崩解时限检测</td></tr>
<tr><td>检测时间</td><td colspan="6">______月_____日_____时_____分</td></tr>
<tr><td>片号</td><td>1</td><td>2</td><td>3</td><td>4</td><td>5</td><td>6</td></tr>
<tr><td>崩解时限/min</td><td></td><td></td><td></td><td></td><td></td><td></td></tr>
<tr><td>片号</td><td>1</td><td>2</td><td>3</td><td>4</td><td>5</td><td>6</td></tr>
<tr><td>崩解时限/min</td><td></td><td></td><td></td><td></td><td></td><td></td></tr>
<tr><td>判定结果</td><td colspan="6">合格□　　不合格□</td></tr>
</table>

续表

<table>
<tr><td colspan="7">四、脆碎度检测</td></tr>
<tr><td>检测时间</td><td colspan="6">____月____日____时____分</td></tr>
<tr><td rowspan="2">检测内容</td><td>取样片数/片</td><td></td><td>检测前重量/g</td><td></td><td>检测后重量/g</td><td></td></tr>
<tr><td>减失重量/g</td><td></td><td>脆碎度/%</td><td></td><td></td><td></td></tr>
<tr><td>判定结果</td><td colspan="6">合格□　不合格□</td></tr>
<tr><td colspan="7">质检员：
____年___月___日</td></tr>
<tr><td colspan="7">备注:</td></tr>
</table>

任务二　认识包衣设备

一、滚转包衣设备

滚转包衣法是目前生产中最常用的方法，也称锅包衣法，该法生产设备的主要部件为包衣锅。传统设备为荸荠形包衣机，为了克服其干燥能力差的缺点，现在多用高效包衣机。

（一）设备结构

高效包衣机主要由主机（包衣室）、喷雾输液系统、热风柜、排风吸尘系统等组成，如图9-6所示。

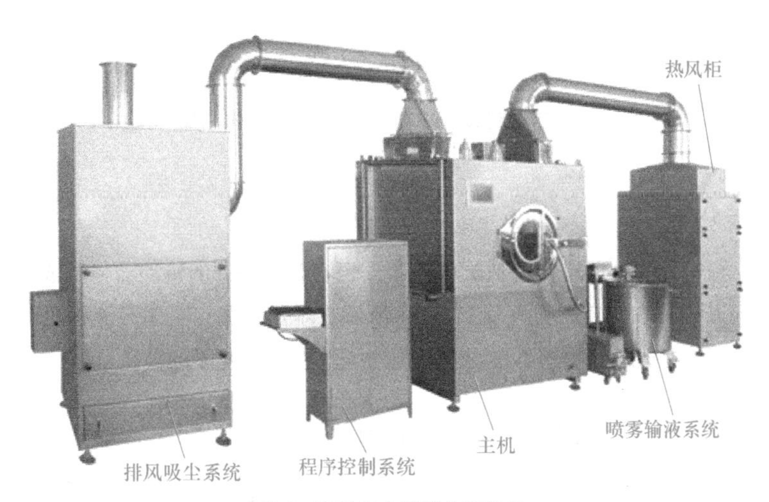

图9-6　高效包衣机的主要结构

（二）工作原理

高效包衣机工作时，被包衣的片芯在包衣主机的包衣滚筒内做连续复杂的轨迹运动。包衣介质经过蠕动泵和喷枪自动喷洒在片芯的表面，热风柜按设定的程序和温度向片床供给洁净的热风对药片进行干燥，热风穿过片芯间隙及底部筛孔，由排风柜把废气排出，使片芯表面快速形成坚固、细密、光滑圆整的表面薄膜，实现包衣。

二、流化包衣设备

（一）设备结构

流化床包衣机主要由主机、雾化系统、空气加热系统、排风系统等组成。

（二）工作原理

将片芯置于流化室中，通入气流，借急速上升的气流使片剂悬浮于包衣室的空间上下翻动处于流化状态，同时喷入雾化的包衣材料溶液或混悬液，使片芯上黏附一层包衣材料，继续通热空气干燥，至衣膜厚度达到规定要求。与滚转包衣法相比，此法具有干燥能力强、包衣速度快、自动化程度高等优点，流化床包衣机的结构及工作原理如图9-7所示。

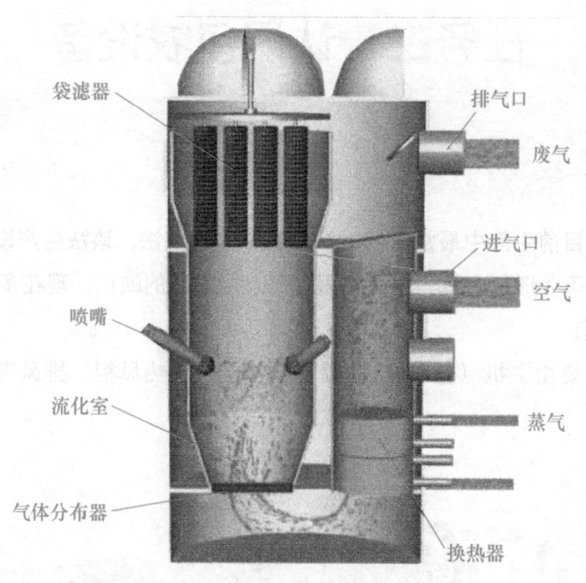

图9-7　流化床包衣机的主要结构及工作原理

三、压制包衣设备

将两台旋转式压片机用单传动轴配成一套，包衣时以特制的传动器将压成的片芯送至另一台压片机上进行包衣。其工作原理如图9-8所示。本法的优点是生产流程短、自动化程度高，避免了水分与高温对药物的不良影响，但对压片机的精度要求较高。

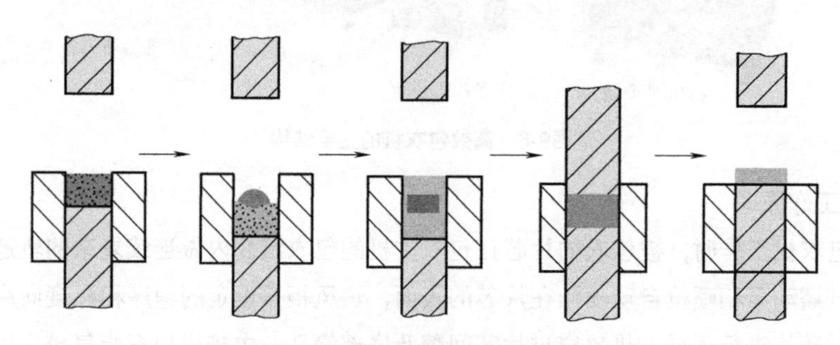
图9-8　压制包衣法工作原理

任务三　固体制剂包装设备的使用与维护

药用铝塑泡罩包装机又称热塑成型泡罩包装机，是将塑料硬片加热、成型、药品填充、与铝箔热封合、打字（批号）、压断裂线、冲裁和输送等多种功能在同一台机器上完成的高效率包装机械。可用来包装各种几何形状的口服固体药品，如素片、糖衣片、胶囊、滴丸等。

目前常用的药用泡罩包装机有滚筒式泡罩包装机、平板式泡罩包装机和滚板式泡罩包装机。

一、认识设备

（一）平板式泡罩包装机工作原理

平板铝塑泡罩包装机的生产原理是先将塑料薄片电热使之软化，再移置于成型模具中，上方吹入的压缩空气，使薄片贴于模具壁上形成凹穴，凹穴充填药物制剂后用附有黏合膜的铝箔与已装有药品的塑料薄片加热压紧封合，形成泡罩包装。本机特点是热封模具采用版面同步可调式。

（二）工作流程

PVC片匀速放卷 →PVC片加热软化→真空吸泡→药片入泡窝→与铝箔热封合→ 打字印号→冲裁成块

二、操作设备

（一）使用方法

1.操作前的检查及模具的更换

（1）检查设备的清洁卫生，检查各润滑点的润滑情况。

（2）按电器原理图及安全用电规定接通电源，打开电源开关，点动电机，观察电机运转方向是否与机上所示箭头方向相同，否则更换电源接头以更正运转方向。

（3）按机座后面标牌所示接通进出水口，将进气管接入进气接口。

（4）更换模具时应将设备运行至上下模具距离最大时停机，断开电源，取出电热棒，拆除成型模具、热封模具和截切模具。

（5）按工艺规定将批号字码和压痕刀片安装在热封模具中固定好。

（6）将模具安装好，安装好电热棒，对好位，旋好固定螺栓但不拧紧，开电源将设备运行至上下模具夹紧后停机断开电源。

（7）用扳手对称均匀地将固定螺栓拧紧。

（8）用毛巾或软布稍沾洗洁精擦去油污、污垢，然后用毛巾或软布擦干；

（9）将装放于承料轴上的PVC拉出，经送料辊、加料箱、成型上下模之间，再穿过加料器底部，经面板空当处，至此同从铝箔承料轴上经转辊而来的铝箔一起进入热封模具、压痕磨具，再经过牵引气夹、锁紧装置，其端部进入模具；

（10）按下电机控制绿色按钮，加热板、热封上模自动放下，并延时开机（配时间继电器，可调），观察塑料、铝箔运行情况，待成型良好后打开水源开关并适度控制流量（流量过大因带走热量而影响成型，过小则不利于定型）。

2.开机操作

(1) 开启总电源开关，各电热器按要求通电升温。

(2) 开启进气阀，开启进水阀。

(3) 按下电机控制绿色按钮。

(4) 预热完毕，运行设备进行空包装，检查水泡眼完好性、批号压痕、密封性能；整片压痕应均匀，否则应调节模具的松紧。

(5) 将待包装物加入料斗，开启加料器电源开关，开闸加料进行包装。

3.停机

(1) 按下电机控制红色按钮，主电机停。

(2) 关闭加料器电源开关。

(3) 关闭总电源开关、进气阀、进水阀。

(二) 维护保养

(1) 定期检查所有外露螺栓、螺母并拧紧，保证机器各部件完好可靠。

(2) 设备外表及内部应洁净无污物聚集。

(3) 定期检查各润滑油杯和油嘴，每班加润滑油和润滑脂。

(4) 发现异常声响或其他不良现象，应立即停机检查。

(5) 机器必须可靠接地。

模块评价

一、单项选择题

1. 沸腾干燥器适用于处理（　　）。

A. 含水量大的物料　　B. 颗粒状且不结块的物料

C. 易结团的物料　　D. 长条形物料

2. 万能粉碎机适合粉碎（　　）。

A. 纤维状物料　　B. 脆性物料　　C. 黏性物料　　D. 高硬度物料

3. 可在同一设备中完成混合、制粒、干燥操作的是（　　）。

A. 摇摆式制粒机　　B. 高速混合制粒机　　C. 沸腾制粒机　　D. 滚压制粒机

4. 含油脂性药粉过筛时应选用（　　）。

A. 直线筛　　B. 旋转筛　　C. 手摇筛　　D. 旋振筛

5. 胶囊的填充是在（　　）环境中进行的。

A. A级　　B. B级　　C. C级　　D. D级

二、多项选择题

1. 高效包衣机不是孤立的一台设备，而是由多组装置配套而成的整体。除主体包衣锅外还包括（　　）。

A. 冷却系统　　B. 定量喷雾系统　　C. 供气系统　　D. 排气系统

2. 以下属于散剂生产设备的有（　　）。

A. 万能粉碎机　　B. 旋振筛　　C. V型混合机　　D. 球磨机

3. 在各类压片机中，片剂的成型都是由冲模完成的，冲模由（　　）组成。

A. 上冲头　　B. 下冲头　　C. 中模　　D. 模孔

4. 旋转式压片机压片装置包括转盘、冲模、轨道和（　　）等部件。

A. 压轮及调节装置　　B. 自动计数器

C. 加料装置　　D. 填充装置

课堂
笔记

模块四 液体制剂和无菌制剂生产设备

学生通过学习口服液灌封设备、注射剂生产设备、粉针剂生产设备等内容，学会正确操作常用的口服液体制剂生产设备和无菌制剂生产设备，并能解决使用过程中出现的常见问题。

思政导言

液体药剂和无菌制剂起效较固体制剂快，如果发生不良反应，后果也更加严重，故生产要求也更高，尤其是无菌制剂，如注射用疫苗。新冠疫情暴发后，党中央、国务院对此高度重视，一方面“外防输入，内防反弹”，做好“疫情常态化防控”工作，另一方面积极推进疫苗的研究和生产。目前，我国已附条件批准多个新冠病毒疫苗上市，应急批准一批疫苗品种开展临床试验，不少疫苗品种已开展Ⅲ期临床试验。当前，全球各国纷纷采购，国内接种有序推进，这是世界给中国疫苗投下的“信任票”，也是中国人类命运共同体的大国然诺。

知识要求

1. 掌握注射剂的生产工艺流程和常用设备的主要结构、正确操作和维护保养。
2. 熟悉粉针剂生产设备的工作原理和主要特点。
3. 了解口服液生产设备的正确操作和使用。

能力要求

1. 会正确使用常用的注射剂生产设备。
2. 能解决灌封机在生产过程中出现的常见问题。

项目十 口服液灌装机的使用与维护

口服液剂是以中药汤剂为基础，提取药物中有效成分，加入矫味剂、抑菌剂等附加剂，并按注射剂安瓿灌封处理工艺，制成的一种无菌或半无菌的口服液体制剂，因此亦称口服安瓿剂。口服液制剂生产线主要设备的来源有两类：一类是从抗生素粉针生产线设备演变而来，只是把分装头改为液体蠕动泵并去除盖胶塞的工位，同时把轧盖部分与灌装合二为一；另一类是借鉴安瓿洗烘灌封联动机组及糖浆剂设备演变而来，只是把拉丝封口改为轧盖机构或借鉴糖浆剂设备中的灌装机，同时增加了轧盖部分。口服液的生产工序主要包括配料、洗瓶、灌封、灭菌、灯检、包装。

《药品生产质量管理规范实施指南》中明确规定：口服液因药物性能不同，其制剂工艺及生产环境的洁净级别也不同。非最终灭菌口服液体药品的暴露工序洁净度要求为C级工作区，最终灭菌口服液体药品的暴露工序洁净度为D级工作区。

一、认识设备

（一）配液罐

配液罐是将一种或几种物料按一定的工艺配比进行混配的混合搅拌设备。如图10-1所示。

1. 主要结构

主要包括罐体、搅拌桨，夹套、进出料口、温度计、人孔、视镜、蒸汽进口、冷凝水出口等。

2. 工作原理

原辅料经进料口投放到配液罐中，在指定温度下，通过搅拌使原辅料溶解并混合均匀，达到生产工艺标准要求。

10-1 配液罐

（二）四泵直线式灌装机

1. 主要结构

主要包括理瓶机构、输瓶机构、挡瓶机构、灌装机构、动力部分等。如图10-2所示。

2. 工作原理

电机带动理瓶转盘旋转，位于理瓶转盘上的拨瓶杆将瓶子送入输瓶传送带上呈单行排列，挡瓶机构将瓶子定位于灌装工位，在灌装工位由曲柄连杆机构带动计量泵将待装液体从储液槽内抽出，通过喷嘴注入到传送带上的空瓶内，然后挡瓶机构再将灌装后的瓶子送至输瓶传送带上送出。

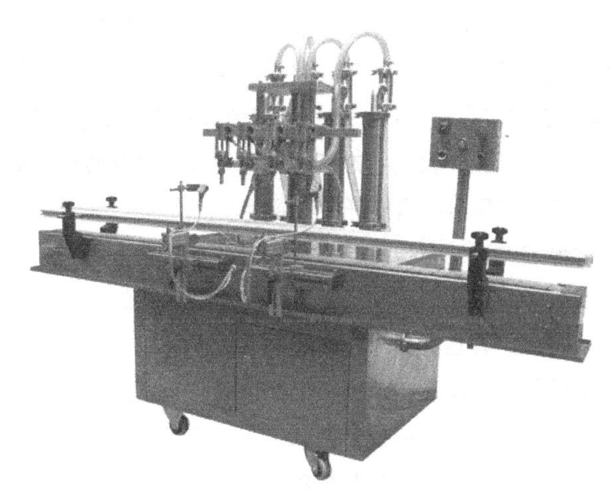

图10-2　四泵直线式灌装机

二、设备调试

在灌装前，先检查灌装头与瓶口的对准情况，有误差需先进行调整。

调整方法如下：在灌装头下方的运输带上密排一批灌装数目的瓶子，将前门气缸和后门气缸移至刚好将一批瓶子拦住的位置，移动灌装头的位置，使各灌装头与所灌装的瓶口中心对准，上下调节灌装头的高度，使运输带上的瓶子能刚好顺利地在灌装头下通过。运输带的宽度按瓶子尺寸调整，让瓶子刚好能顺利通过运输带。

（1）灌装头位置的调整。将灌装头高低调节到灌装嘴离瓶口约3mm的高度，松开固定灌装阀的螺钉，移动架上的灌装头，分别对准要灌装的瓶口，灌装嘴要求垂直朝下，将各灌装头固定锁紧。

（2）进出瓶电眼位置的调整。原则上进出瓶检测电眼都要放在灌装头所覆盖的范围以外，以避免灌装物料对电眼的污染，这是必须遵守的大前提。出瓶计数电眼的位置要求并不严格，只要在出瓶一侧离开灌装头范围即可。进瓶计数电眼调整时，要求在进瓶一侧密排所需灌装瓶数后，将电眼位置移到批量瓶子外的第二个瓶子的位置（如果批量数是10，则移动到第12个瓶子的位置上），离开灌装头范围外，电眼指示灯亮或灭即可。另外进出瓶计数电眼都必须满足瓶到时亮，两瓶之间灭的状态才能计数，可以通过调整电眼与瓶子的距离来达到要求。如果调整比较困难，在用圆瓶时最好是将电眼对准瓶颈，这样计数就会更为准确。

对于光纤放大器的电眼，还可以用调整放大器达到调整的目的。

三、操作设备

(1) 开机前的准备。在开机前，先将灌装机的场地清理好，把运输带上的杂物清理干净。启动空气压缩机，将压缩空气压力调至6kgf/cm²。向灌装机输入压缩空气，接通电源，待完成了气洗程序后，依次进行传送带速度调整、灌料速度调整等操作。

(2) 自动灌装。将选择开关旋到自动位置，清理好生产现场，在进瓶一侧不断放入空瓶，按下启动按钮，就会自动地连续灌装。在灌装过程中发现灌装量有较大误差时，可以在不停机的情况下调出相应的数据进行微调。如果在灌装过程中出现进瓶和出瓶数目的错误，灌装机将自动采取保护措施而停止。这时只要将灌装头下面的瓶子位置整理好，按一下“设定/复位”按钮，设备将会继续自动运行。如果出现较大故障或错位灌料，应立刻急停开关，排除故障后重新启动。注意禁止在自动状态下将选择开关由自动转到手动，如要转到手动状态，要先按停止按钮，待停机后再将选择开关转到手动。

(3) 停机。在自动灌装时要结束作业，可以随时按下停止按钮，灌装机会在出完当批所灌装的瓶子后自动停止。如果停止时间较长，要将在灌装后面的补料阀门关闭，以防止料槽溢料，待重新开机前才将阀门开启。当一批料灌装完时，可以在手动状态下把料槽中的余料灌装完。并加入清洗液将料槽和灌装流道清洗干净，以防止不同品种产品的混合而影响产品质量。在自动工作停机后，将选择开关扳到调试位置，按下手动进瓶，让一批瓶子进入灌装头下面对准各注料嘴，以防止长时间停机时有渗漏情况而污染生产场地。下一次开机时，在调试状态下按下出瓶按钮，将这批瓶子送出后，将选择开关扳倒自动位置，按下启动按钮就可以继续进行自动灌装。注意灌装的物料不允许有尖硬小颗粒和结块，以避免损坏灌料阀门和堵塞灌料流道，造成滴漏或灌装不准确。如果因为外部接线的原因造成运输带反向运转，应立即用“急停”或关闭电源开关，重新接线，保证运输带正向转动，以避免损坏运输带。

四、维护与保养

(1) 因为本灌装机是属自动化机器，因此易拉瓶、瓶垫、瓶盖尺寸都要求统一。

(2) 开车前必须先用摇手柄转动机器，察看其转动是否有异状，确定正常后再开车。

(3) 调整机器时，工具要使用适当，严禁用过大的工具或用力过猛来拆零件避免损坏机件或影响机器性能。

(4) 每当机器完成调整后，要将松过的螺钉紧好，用摇手柄转动机器察看其动作是否符合要求后，方可以开车。

(5) 机器必须保持清洁，严禁机器上有油污、药液和玻璃碎屑，以免造成机器损蚀，故必须做好如下事项：

① 机器在生产过程中，及时清除药液或玻璃碎屑；

② 交班前应将机器表面各处清洁一次，并在各活动部件加上清洁的润滑油；

③ 每周应大擦洗一次，特别是要将平常使用中不容易清洁到的地方擦净或用压缩空气吹净。

五、常见故障的原因及排除方法

（1）电源指示灯不亮，按所有的按钮均无反应。故障原因：气压清洗电路或气动系统故障引起的故障。先检查进入操作箱的气压是否符合说明书的要求，如果气压太低，应按照说明将气压调至标准值，重新开机运行。如果故障仍未排除，检查气洗时间继电器的设定值，若其值太大，应当将其设定在30s左右。

（2）个别阀门或者气缸动作迟缓或不工作。故障原因：一般情况都是控制阀的故障引起的。首先检查控制该输出的输出显示灯工作是否正常，确认其工作正常后才进行下面的检查。对换电磁阀电磁线圈，如果故障变换位置，说明电磁线圈损坏，更换线圈后故障即可排除。如果气阀组的排空口不停的有较多的气体排出，说明系统有较严重的内泄漏，可以先检查转阀或气缸的内部密封状况，如有损坏，应予以更换。若故障仍不能排除，可检查电磁阀阀芯的运动情况，看是否有卡阻现象或阀芯两端的密封是否有损坏，并进行修复。如果损坏严重的，应该更换整个阀门。

（3）注料头在停机时有泄漏。故障原因：a.系统气压不足或注料球阀磨损产生泄漏引起的故障。首先检查系统供气压力，如压力过低，检查供气道是否有损坏，并用供气口的减压阀调整进气压力，使其达到规定的数值。检查空气滤清器是否有堵塞，并用酒精或其他溶剂清洗干净并进行吹干后装回原处。灌料阀门是滴漏的关键所在，如果所灌物料有尖硬的小颗粒或硬质杂物，会很容易损坏阀门。建议物料经过滤后才进入灌装机，在维修过程中要注意随时清理各种金属屑和焊渣等杂质。确认阀门损坏只能更换阀门，在更换注料阀门时，要注意阀门的开关位置应与原阀门位置相同。b.注料嘴与阀组的连接不够紧密，有漏气现象，此时应将注料嘴重新拧紧或更换。

（4）编程控制器的输出指示灯有输出指示，但电磁阀不工作。故障原因：经检查电磁阀无故障时，是可编程控制器内的中间继电器损坏。可更换同型号的中间继电器，故障即可排除（这种故障很少见）。

（5）显示器显示正常，但所有的执行元件都不动作，或部分元件不动作，检查可编程输出无指示。故障原因：检查保险端子中的保险丝是否烧断，或接触不良。更换或重装保险丝。

（6）在修改个别注料头的注料参数时，修改后出现紧随后面的注料头关闭的现象。故障原因:数据存取单元状态设置有误，处在32位状态下改变数据，导致相邻的下一个数据寄存器被空置。可以在16位状态下重新设置，故障即可排除。

（7）在自动包装运行过程中出现不足瓶后，运输带自动停止，后门不关闭，注料头不动作时，是出瓶电眼出现不计数或出瓶数量不定的保护措施，这时可将注料头下的瓶子重新排列好后，按一下“设定/复位”按钮，就可进行连续工作。注意检查前后电眼的清洁和计数的可靠性。可以用调整电眼与瓶子的距离或调解放大器的放大倍数的方法调整电眼计数的可靠性。

（8）自动包装时进足瓶后，运输带不停，前门不关，使电眼计数时少计或不计数，此时，应调节电眼的位置或放大器，使电眼工作正常。另外电眼光纤如被污染或沾湿都有可能出现以上现象。

课堂笔记

任务实施　口服液的配制

【学习情境描述】

根据制药企业常规要求，按照标准操作规程进行口服液配液生产操作。

【学习目标】

1. 能够识别口服液配液系统的主要组成部件，理解配液系统的运行原理。

2. 在教师的指导下，按照标准操作规程进行配液操作，完成生产任务，期间会根据具体情况调节设备。

【获取信息】

引导问题1：请根据图中的标识，在横线处对应填写配液系统各部件的名称。

A:________　B:________　C:________　D:________　E:________　F:________

G:________　H:________　I:________　J:________　K:________

L:________　M:________　N:________

引导问题2：当配料表中有难溶性原辅料时，在配液时该如何处理？

引导问题3：当配料表中的原辅料有细微杂质时，在配液时该如何处理？

【生产记录】

配液岗位生产记录

<table>
<tr><td colspan="2">品名</td><td colspan="2"></td><td>规格</td><td></td><td>批号</td><td colspan="2"></td></tr>
<tr><td colspan="2">理论产量</td><td colspan="2"></td><td colspan="2">生产日期</td><td colspan="3">___年___月___日</td></tr>
<tr><td colspan="4">设备名称及编号</td><td colspan="5"></td></tr>
<tr><td colspan="6">生产前的检查</td><td colspan="3">检查情况</td></tr>
<tr><td colspan="6">1.生产操作间是否清洁并在清场有效期内</td><td colspan="3">□是　□否</td></tr>
<tr><td colspan="6">2.清洁用具已清洁并存放在指定位置</td><td colspan="3">□是　□否</td></tr>
<tr><td colspan="6">3.状态标识、生产记录等相关文件齐全、正确</td><td colspan="3">□是　□否</td></tr>
<tr><td colspan="6">4.生产环境温度18℃～26℃，相对湿度45%～65%</td><td colspan="3">温度____℃　相对湿度____%</td></tr>
<tr><td colspan="6">5.检查设备是否正常，管道系统无跑、冒、滴、漏现象</td><td colspan="3">□是　□否</td></tr>
<tr><td colspan="6">6.核对原辅料品名、批号、数量、厂家、外观质量等情况，必须与岗位生产指令及批配料记录一致</td><td colspan="3">□是　□否</td></tr>
<tr><td rowspan="14">生产操作</td><td colspan="2">原辅料名称</td><td>批号</td><td>本批领用/kg</td><td>本批投料/kg</td><td>本批结余/kg</td><td>称量人</td><td>复核人</td></tr>
<tr><td colspan="2"></td><td></td><td></td><td></td><td></td><td></td><td></td></tr>
<tr><td colspan="2"></td><td></td><td></td><td></td><td></td><td></td><td></td></tr>
<tr><td colspan="2"></td><td></td><td></td><td></td><td></td><td></td><td></td></tr>
<tr><td colspan="2"></td><td></td><td></td><td></td><td></td><td></td><td></td></tr>
<tr><td rowspan="3">浓配</td><td>加热/降温时长</td><td colspan="3">________min</td><td>温度</td><td colspan="2">________℃</td></tr>
<tr><td>配制时间</td><td colspan="3">____时____分至____时____分</td><td>搅拌时间</td><td colspan="2">________min</td></tr>
<tr><td>过滤时间</td><td colspan="3">____时____分至____时____分</td><td>过滤器名</td><td colspan="2"></td></tr>
<tr><td rowspan="6">稀配</td><td>pH调节剂名称</td><td colspan="3"></td><td>使用量:</td><td colspan="2">________mL</td></tr>
<tr><td>定容量</td><td>____mL</td><td colspan="2">搅拌时间</td><td colspan="3">____时____分至____时____分</td></tr>
<tr><td>中间体取样量</td><td>____mL</td><td colspan="2">过滤器名称</td><td colspan="3"></td></tr>
<tr><td>操作人</td><td colspan="2"></td><td>复核人</td><td colspan="3"></td></tr>
<tr><td rowspan="2">中间体检测</td><td>项</td><td>pH</td><td>性状</td><td>可见异物</td><td>检测人</td><td>复核人</td></tr>
<tr><td>检</td><td></td><td></td><td></td><td></td><td></td></tr>
<tr><td rowspan="2">物料平衡分析</td><td colspan="8">收率＝待灌液量/配制量×100%=______%</td></tr>
<tr><td colspan="8">平衡率＝（待灌液量＋损耗率＋取样量）/配制量×100%= ______%</td></tr>
<tr><td colspan="5">操作人签名:</td><td colspan="4">QA人员签名:</td></tr>
<tr><td colspan="9">备注:</td></tr>
</table>

配料岗位清场记录

品名		规格		批号	
清场日期	________年____月____日				

清场项目	清场操作	QA人员检查情况
1.清洁中间体检测所需的玻璃仪器、设备	□已执行 □未执行	□符合 □不符合
2.将本批配制容器具清理干净，放于规定处并挂好清洁状态标示牌	□已执行 □未执行	□符合 □不符合
3.清洗浓配罐、稀配罐、循环泵、过滤器及管道，擦洗设备外壁	□已执行 □未执行	□符合 □不符合
4.将过滤器中滤芯和滤棒拆下清洗、消毒	□已执行 □未执行	□符合 □不符合
5.将浓配间、稀配间及辅助间顶棚、墙面、送风回风口、门窗、地面擦拭干净并消毒	□已执行 □未执行	□符合 □不符合
6.将工作台面擦洗干净，地漏刷洗干净	□已执行 □未执行	□符合 □不符合
7.整理本批相关记录及资料	□已执行 □未执行	□符合 □不符合
8.按要求清理生产区的各种废弃物	□已执行 □未执行	□符合 □不符合
9.将所用洁具清洗干净，置于规定位置	□已执行 □未执行	□符合 □不符合
清场操作人:		QA人员签名:
备注:		

项目十一 无菌制剂生产设备的使用与维护

药物制剂的生产过程是一个药物的精加工过程，其质量的优劣除了取决于采用优质的原料、先进的工艺、严格的管理外，生产设备是极其重要的决定因素。

注射剂的分类：大容量注射剂、小容量注射剂、粉针剂、冻干粉针剂。

注射剂的特殊质量要求:无菌、无热原、不溶性微粒检查、澄明度检查。

任务一 注射剂生产设备的使用与维护

注射剂是指将药物制成无菌溶液、混悬液或临用前配成液体的无菌粉末等供注入人体的制剂，是医疗上广泛使用的制剂。注射剂为无菌制剂，根据其生产工艺的不同，又分最终灭菌药品与非最终灭菌药品。由于注射剂直接进入人体组织或血液，因而吸收快，作用迅速可靠。与其他剂型相比，注射剂质量要求高、生产过程控制严格。常见的注射剂生产工艺流程如图 11-1 ～图 11-3 所示。

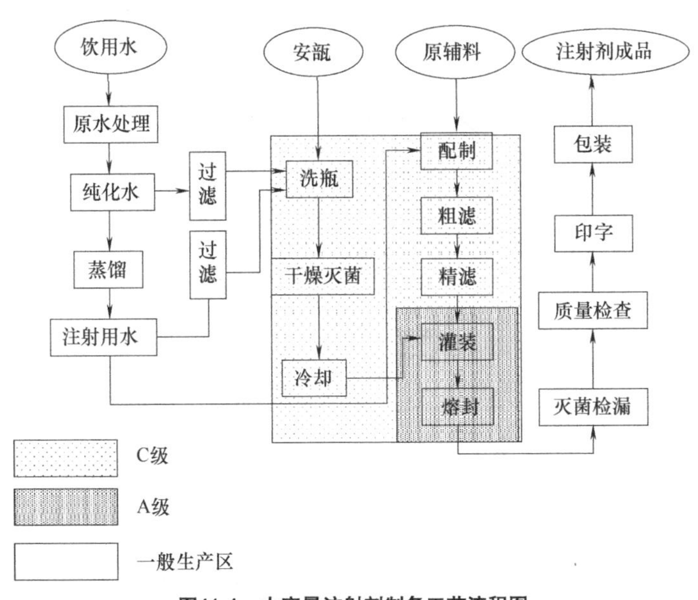

图11-1 小容量注射剂制备工艺流程图

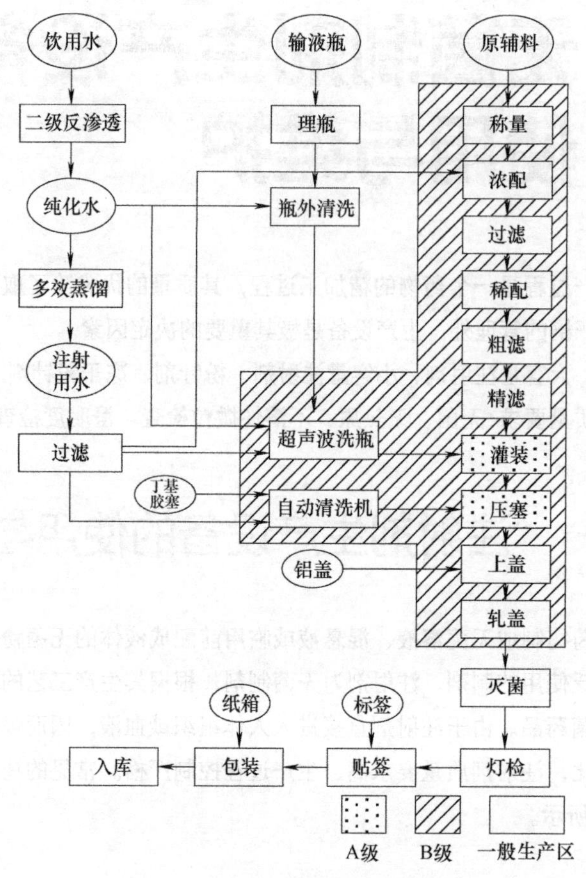

图11-2 玻璃瓶输液剂生产工艺流程图

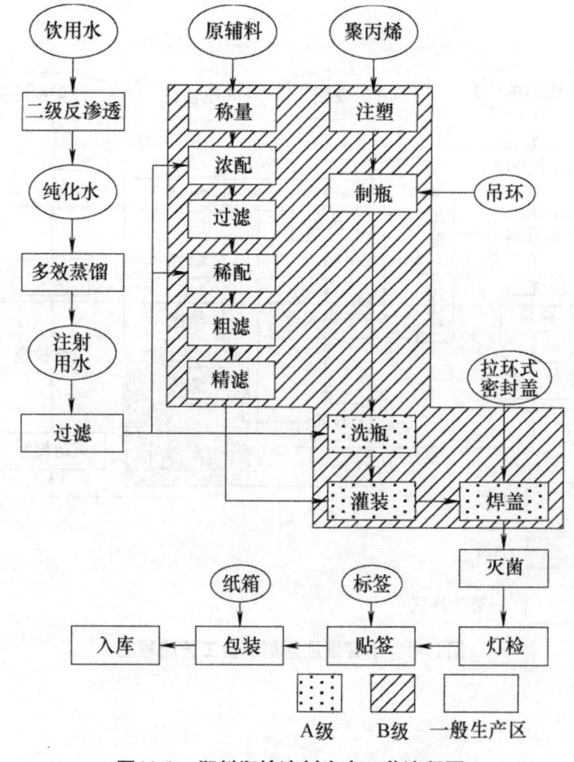

图11-3 塑料瓶输液剂生产工艺流程图

一、认识设备

（一）主要结构

主要由药液配制设备、洗瓶设备、灌装封口设备、干热灭菌箱（隧道烘箱，见图11-4）、湿热灭菌箱等构成。

（二）工作原理

注射剂属于无菌产品，除了对药液要求无菌以外，注射剂对其容器安瓿也同样要求洁净无菌（尤其容器内壁）。因此，安瓿必须经过严格的清洗、高温灭菌处理后才能被应用。处理合格的药液和容器经过灌封操作后成为一体，在此过程中，要求灌装量要准确、封口应严密圆滑，并严格避免污染。这些要求对相关设备的工作性能提出了较高的要求。

（1）超声波洗瓶机：利用超声波的“空化”作用所产生的摩擦力，通过水气交替喷射安瓿的内外壁进行清洗，从而清除安瓿内外黏附较牢固的异物。

（2）灌封机：安瓿通过送瓶机构进入灌装工位，灌装机构将药液从贮液罐中吸入针筒内，并定量输向针头，完成灌注药液后，安瓿经由移动齿板移至封口工位，安瓿的瓶颈部位经过火焰灼烧后熔融，拉丝钳随后夹住瓶颈，完成封口。

二、操作设备

（一）安瓿的清洗和灭菌

1.洗瓶

工作时，安瓿全部以口向上方向整齐排列于安瓿盘内，在冲淋机传送带的带动下，进入隧道式箱体内接受顶部淋水板中的纯化水喷淋，使安瓿内注满水，再送入安瓿蒸煮箱内热处理约30min，经蒸煮处理后的安瓿趁热用甩水机将安瓿内水甩干，安瓿甩水机最佳转速应在400r/min左右。

洗瓶操作请扫二维码查看，视频由徐州医药高等职业学校拍摄。

11.洗瓶机的操作

2.灭菌

安瓿洗涤后虽然已经过甩水或压缩空气处理，但仍无法保证其内壁完全干燥，同时安瓿经淋洗只能除去尘埃、杂质粒子及稍大的细菌，还需通过干燥灭菌去除生物粒子的活性。常规工艺是将洗净的安瓿置于350～450℃之间，保持6～10min，达到杀灭细菌和热原及安瓿干燥的目的。

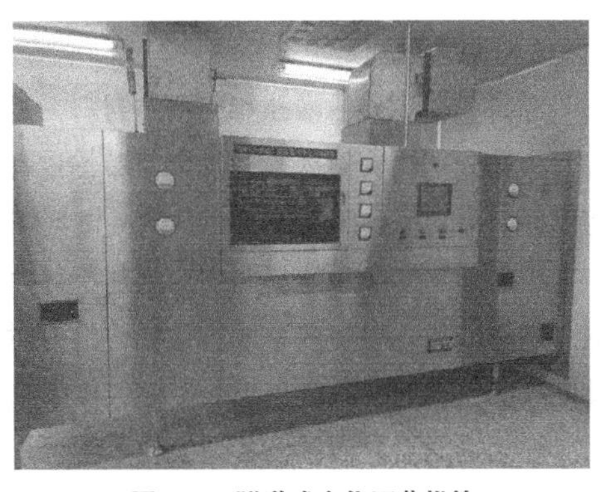

图11-4 隧道式净化灭菌烘箱

灭菌烘干操作请扫二维码查看，视频由徐州医药高等职业学校拍摄。

12.灭菌烘箱的操作

（二）注射液的配制

1. 原料投料量的计算

(1) 按有效成分或有效部位投料，可按百分浓度表示：适用于有效成分已明确，并已提取出单体者，可注明每毫升注射液内含单体多少克、毫克或微克。例如丹皮酚注射液每毫升含丹皮酚5mg。

(2) 按总提取物的百分浓度或每毫升含总浸出物的量表示：适用于干燥提取物（未制成单体的）配制的注射液，例如毛冬青注射液每毫升中含毛冬青提取物18～22mg。

(3) 按每毫升注射液相当于多少克中药材来表示：适用于有效成分不明确的中药注射液，例如用200g中药材经提取精制后，配成100mL注射液，即lmL注射液相当于2g中药材。

2. 配液用具的选择与处理

配液用具应采用由中性硬质玻璃、搪瓷、耐酸耐碱的陶瓷及无毒聚氯乙烯、聚乙烯等塑料制成的，不宜用铝制品。

3. 配液方法

(1) 稀配法：将原料加入所需的溶剂中一次配成注射剂所需浓度。本法适用于原料质量好，小剂量注射剂的配制。

(2) 浓配法：将原料先加入部分溶剂配成浓溶液，加热溶解过滤后，再将全部溶剂加入滤液中，使其达到规定浓度。

4.改善色泽与澄明度用吸附法

使用吸附剂，如：活性炭、滑石粉等。配好注射剂，进行质检。

5.注射液的滤过

滤过是保证注射液澄明的重要操作，一般分为初滤和精滤。由于滤材的孔径不可能完全一致，故最初的滤液不一定澄明，需将初滤液回滤，直至滤液澄明度完全合格后，方可正式滤过，供灌封。

6.注射剂的灌封

灌封包括药液的灌注和容器的封口，是将过滤洁净的药液，定量地灌注到经过清洗、干燥及灭菌处理的安瓿内，并加以封口的过程。灌封过程包括安瓿的排整、灌注、充氮、封口等工序。灌封间是无菌制剂生产的关键区域，其洁净度要求特别严格，应达到A级。

机器熔封：多采用自动安瓿灌封机，为顶端自然熔封。但目前多采用拉封法，大量生产时，操作方便，生产效率高。灌装与封口时，一些主药遇空气易氧化的产品，要通入惰性气体置换安瓿中的空气。常用的惰性气体有氮气与二氧化碳。

注射剂的灌封操作设备如图11-5所示。

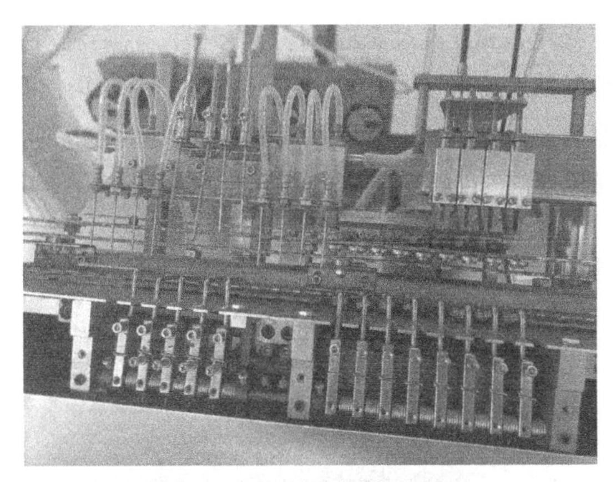

图11-5　安瓿拉丝灌封机蠕动型

灌封操作请扫二维码查看，视频由徐州医药高等职业学校拍摄。

13.安瓿拉丝灌封机的操作

7. 注射剂的灭菌与检漏

（1）灭菌　一般小容量的注射剂，大多采用湿热灭菌，100℃下灭菌30～45min；容量较大的安瓿可酌情延长灭菌时间。对热稳定的产品，可用热压灭菌。每批灭菌后的注射液，均需进行无菌检查，合格后方可移交下一工序。

热压灭菌法介绍如下。

① 定义：系在热压灭菌器内，用高压饱和水蒸气加热使菌体蛋白凝固而杀死微生物的方法。该法具有很强的灭菌效果，灭菌可靠，能杀灭所有细菌繁殖体和芽孢，适合耐高温和高压蒸汽的所有药物制剂、玻璃容器、金属容器、瓷器、橡胶塞、滤膜、过滤器等。

② 常用灭菌条件：116℃（67kPa）40min

121℃（97kPa）30min（生产企业最常用）

126℃（134kPa）15min

③ 常用热压灭菌器：手提式热压灭菌器、卧式热压灭菌柜。

④ 注意事项：

a. 必须为饱和蒸汽；

b. 必须将灭菌器内空气除尽；

c. 压力表与温度表应灵敏，数值要对应；

d. 避免压力骤降，压力骤降或骤冷，容器爆裂、冲出物品；

e. 灭菌时间从全药液达温时算起，即应有预热时间、灭菌温度指示，一般250～500mL的输液预热时间为10～15min；

f. 灭菌完毕：关蒸气或停止加热→压力下降→放气→压力下降为零→稍开门（10～15min）→打开。

（2）漏气检查　安瓿熔封时，有时由于熔封工具或操作等原因，少数安瓿顶端留有毛细孔或微隙而造成漏气。采用饱和蒸汽对安瓿进行加热灭菌，然后利用抽真空、通入有色水正压等方法进行检漏，检漏结束后用纯化水对安瓿进行清洗，并将染色的安瓿挑出。

（3）灯检　利用全自动灯检机（见图11-6）完成对小容量注射剂的灯检审核操作，将有异物、有杂质等有质量问题的安瓿挑出。

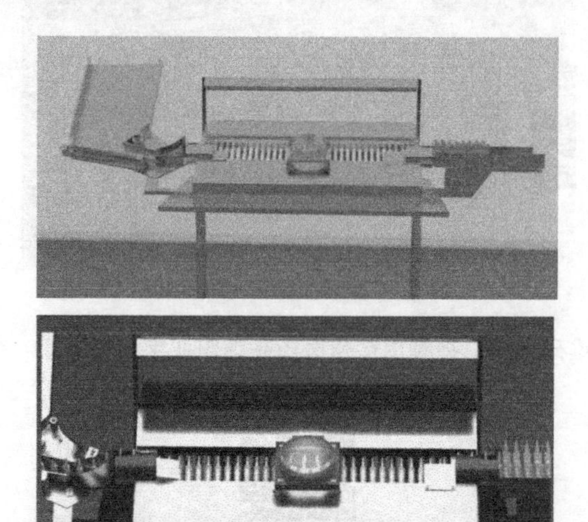

图11-6　全自动灯检机

8. 安瓿灌封过程中的常见问题以及解决的方法

（1）冲液现象

① 冲液：是指在灌注药液过程中，药液从安瓿内冲气溅到瓶颈上方或冲出瓶外的现象。

② 造成的后果：容量不准、封口焦头、封口不严、药液浪费、污染设备及瓶口破裂等。

③ 解决措施：将注射液针头端制成三角形开口、中间拼拢的“梅花型”针端，避免反冲力；调节注液针头进入安瓿的最佳位置；改进针头托架运动的凸轮轮廓，加长针头吸液和注液的行程，缩短不给药的行程，保证针头出液先急后缓。

（2）束液不好

① 束液：是指注液结束时，针头上不得有液滴黏留挂在针尖上。

② 造成后果：如束液不好，则液滴容易弄湿安瓿瓶颈，既影响注射剂的容量，又会出现焦头或封口时瓶颈破裂等问题。

③ 解决措施：改进灌药凸轮的轮廓，使其在注液结束时返回行程缩短、速度快；使用有毛细孔的单向玻璃阀，使针筒在注射完成后对针头内的药液有倒吸作用；在贮液瓶和针筒连接的导管上夹一支螺纹夹，以控制束液。

（3）封口质量问题及解决方法

① 焦头：a. 需更换针筒或针头；b. 选用合格的安瓿；c. 调整、修理针头升降机构。

② 泡头：a. 需调小燃气；b. 适当降低火头位置；c. 一般摆动1°～2°；d. 调整上下角度位置；e. 将镊子调高。

③ 瘪头：a. 调节灌装针头位置和大小，不使药液外冲；b. 回火火焰不能太大。

④ 尖头：a. 把燃气调小些；b. 调节中层火头，对准瓶口，离瓶3～4mm；c. 压缩空气调小。

（三）维护与保养

1. 超声波清洗机

每班应按清洁规程对水槽内从上部到下部清洗玻璃屑和脏物，检查针头是否堵塞，检查循环水、新鲜水水压和压缩空气气压是否正常，循环水和压缩空气过滤器滤芯是否堵塞、一有情况及时处理，并清洗或更换滤芯。

2. 隧道灭菌烘箱

对烘箱内网带、箱体以及风管等处应按清洁规程每周彻底清洗一次，并清扫碎屑收集箱和冷却段的碎屑。网带宜使用酒精擦洗，箱体内和风管使用吸尘器捕集玻璃屑，以免产生二次污染。维护工作主要是对网带输送系统传动轮、减速机进行检查和润滑。

3. 灌封机

影响灌封机卫生的物质主要有玻璃屑和药水，每班下班前应先用温注射用水冲洗设备表面、上下靠瓶梁、行走梁、挡瓶轨、灌注器及活塞等还应取下清洗。对pH偏低的产品，用温注射用水冲洗，并对冲洗后的水进行pH检测，应为中性，清洗合格。其清洗结果作为交班记录。维护工作主要是对上下靠瓶梁上的滚轮、轴承在清洗后注入少量润滑油。

任务拓展　双语课堂

Plastic Bottle Washing, Filling and Sealing Machine

Introduction:

This product line is a new product of plastic bottle solution line. It is designed upon synthesizing the multi-technology. Three processes: washing, filling and sealing can be finished in the same mechanical hand that clamp the bottle in the same machine. Its structure is simple, the capacity is big, the automatic level is high, and is reliable, and the cost is low.

Feature:

(1) The structure of machine is compact, covering a small area.

(2) This machine uses PLC to control, the performance is perfect, and the intelligence controlling is complete.

(3) The synchronous producing degree of total product line is high, the air blowing is used to feed the bottle, the main driving device is the cooperation method of foreign linear guide track and synchronous belt, the accuracy is high, and the locating is accurate. The advanced filling method (time-pressure) is used, the measure is accurate, and the filling time of each filling head is adjustable.

(4) Completed bottle washing function. Such cleaning work position as ion wind, purified water, injection water, air blowing can be set according to the technical requirement. The cleaning mouth tracking to flush, the spray needle inserting in the bottle ensure the cleaning quality and speed. And the pneumatic system use uniform air feeding, concentrate air discharging, not only reducing the pollution and noise but also the structure is reliable and beautiful.

(5) New type constant pressure filling technology adopts filling valve from famous international brand, the filling accuracy is high, and is with no bottle no filling and leakage-proof device, the whole process nitrogen filling can be actualized, and CIP and SIP are also available.

(6) Sealing parts use the continuous rotary tracking type sealing.

(7) Unique CIP and SIP system, this system can save cleaning time, ensuring the sterilization effect. The time, pressure and temperature of CIP and SIP can be adjusted on the touch screen.

(8) It has self-protection function, all the parameter during the operating can be inquired, changed and monitored directly. And the set parameter like temperature can be set the maximum value and minimum value previously to avoid man-made mistake.

(9) The whole machine are made of S.S, the material contact parts are extra-low-carbon austenitic S.S., other parts are low-carbon austenitic S.S., meeting the requirement of GMP.

Technical parameters:

Capacity: 1000mL 100mL, 500mL	4000 bottles/hr 6000 ~ 8000mL/hr
Suitable filling container	100mL, 500mL, 1000mL
Bottle washing	2 times by ion wind (3 times/time)
Qty of washing heads Qty of filling heads Qty of sealing heads	12 12 12
Main filling medium	Large volume injection liquid
Temperature and pressure of liquid	55℃, 1 ~ 3kg/cm²
CIP/SIP sterilization	125℃, 30minutes
Gas consumption (clean air)	0.6 ~ 0.8Mpa, 180m³/hr
Machine noise	Max. 75dB
Main machine power	3 kW (380V)
Average humidity	85%
Environment temperature	Max. 24℃

塑料瓶洗灌封一体机

简介:

该生产线是塑料瓶大容量注射剂的生产线。它是在综合多种技术的基础上设计的。清洗、填充和密封三个过程在同一机器上完成。结构简单，容量大，自动化程度高，运行可靠，成本低。

特点:

(1) 机器结构紧凑，占地面积小。

(2) 本机采用PLC控制，性能完善，智能控制齐全。

（3）总生产线同步生产度高，采用送风送瓶，主要驱动装置为异型直线导轨与同步带的配合方式，精度高，定位准确。采用先进的灌装方式（时间-压力），计量准确，每个灌装头的灌装时间可调。

（4）完整的洗瓶功能。可以根据技术要求设置离子风、纯净水、注入水、送风等清洁工作位置。跟踪清洁嘴将喷针插入瓶中以进行冲洗，确保清洁质量和速度。气动系统采用均匀送风，集中排风，不仅减少了污染和噪声，而且结构可靠美观。

（5）新型恒压灌装技术，灌装精度高，无瓶无灌装和防漏装置，可实现全过程充氮，CIP、SIP也可用。

（6）封口部位采用连续旋转跟踪式封口。

（7）独特的CIP和SIP系统，该系统可以节省清洗时间，确保杀菌效果。可在触摸屏上调整CIP和SIP的时间，压力和温度。

（8）具有自我保护功能，运行过程中所有参数均可直接查询、修改和监控。可以预先设定温度等设定参数的最大值和最小值，以避免人为错误。

（9）整机由不锈钢制成，物料接触部分为特低碳奥氏体不锈钢，其他部件为低碳奥氏体不锈钢，符合GMP要求。

技术参数：

容量： 1000mL 100mL, 500mL	4000瓶/h 6000～8000mL/h
适用容器	100mL, 500mL, 1000mL
洗瓶	2次离子风（3次/次）
冲洗头 灌装头 封口头	12 12 12
主要填充介质	大容量液体
液体的温度和压力	55℃，1～3kg/cm^2
CIP/SIP灭菌条件	125℃, 30min
耗气量（净化空气）	0.6～0.8MPa, 180m^3/h
机器噪声	不超过75dB
机器功率	3 kW (380V)
平均湿度	85%
环境温度	不超过24℃

课堂
笔记

任务实施　小容量注射剂的灌封

【学习情境描述】

根据制药企业常规要求，按照标准操作规程进行注射剂灌封生产操作。

【学习目标】

1. 能够识别拉丝灌封机的主要组成部件，理解拉丝灌封机的运行原理。

2. 在教师的指导下，按照标准操作规程进行注射剂灌封操作，完成生产任务，期间会根据具体情况调节设备。

【获取信息】

引导问题1：请根据图中的标识，在横线处对应填写安瓿拉丝灌封机各部件或系统的名称。

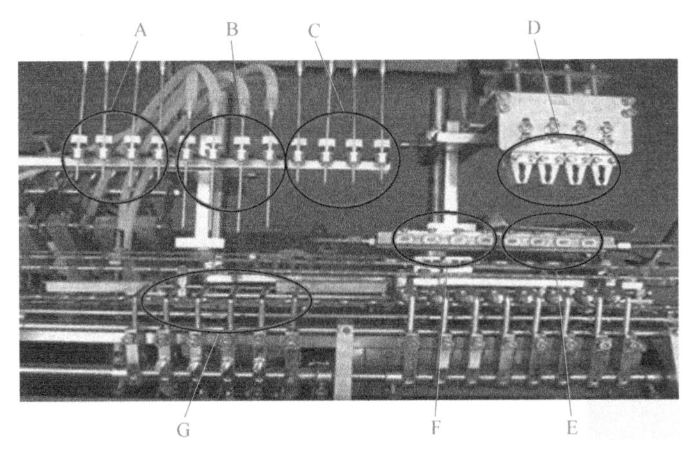

A:________　B:________　C:________　D:________

E:________　F:________　G:________

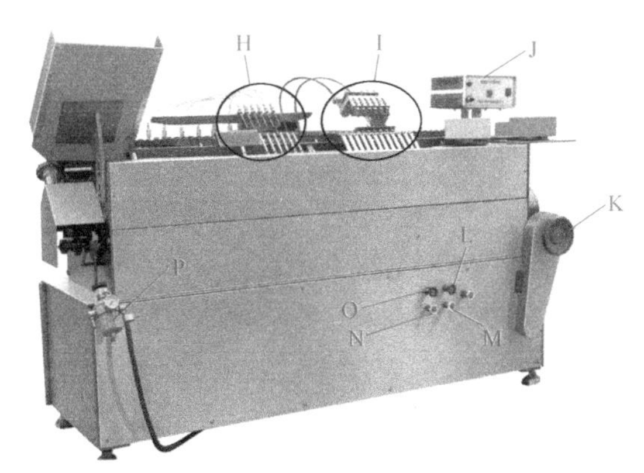

H:________　I:________　J:________　K:________　L:________

M:________　N:________　O:________　P:________

引导问题2：使用拉丝灌封机时，如何调节灌注针头插入安瓿瓶的角度和深度?

引导问题3：使用拉丝灌封机时，封口系统如何进行点火操作?

引导问题4：使用拉丝灌封机时，当出现钩头、泡头、焦头、烂口等情况时，该如何处理?

【生产记录】

灌封岗位生产记录

<table>
<tr><td>生产指令单号</td><td colspan="2"></td><td colspan="3">产品名称</td><td colspan="8"></td></tr>
<tr><td>本批生产量</td><td></td><td>规格</td><td colspan="3"></td><td colspan="4">批号</td><td colspan="4"></td></tr>
<tr><td>设备名称及编号</td><td colspan="13"></td></tr>
<tr><td>操作时间</td><td colspan="13">____月___日___时___分～___月___日___时___分</td></tr>
<tr><td>指　令</td><td>工艺参数</td><td colspan="12">操作参数</td></tr>
<tr><td>工作室有无清场合格证，是否在有效期内</td><td>上批清场合格证副本</td><td colspan="12">有□　　　　无□
在有效期内□　　　　不在有效期内□</td></tr>
<tr><td rowspan="3">核对药液、安瓿名称、规格、数量、质量</td><td>所配药液合格证</td><td colspan="12">有□　　　　无□</td></tr>
<tr><td>安瓿干燥灭菌合格证</td><td colspan="12">有□　　　　无□</td></tr>
<tr><td>名称、数量与物料状态标示卡一致</td><td colspan="12">药液名称:________　　药液数量:________
安瓿规格:________　　安瓿数量:________</td></tr>
<tr><td>岗位操作文件齐全</td><td>齐全</td><td colspan="12">齐全 □　不齐全 □</td></tr>
<tr><td rowspan="2">灌封机正常清洁</td><td rowspan="2">正常、清洁</td><td colspan="12">正常 □　不正常 □</td></tr>
<tr><td colspan="12">清洁 □　不清洁 □</td></tr>
<tr><td rowspan="11">灌封机操作规程、灌封岗位操作规程进行灌封</td><td rowspan="11">生产过程中，每隔15分钟检查一次灌装量，抽样量为10支；灌装量符合工艺要求。见右表:</td><td>时间/min</td><td>1</td><td>2</td><td>3</td><td>4</td><td>5</td><td>6</td><td>7</td><td>8</td><td>9</td><td>10</td><td>平均</td></tr>
<tr><td>15</td><td></td><td></td><td></td><td></td><td></td><td></td><td></td><td></td><td></td><td></td><td></td></tr>
<tr><td>30</td><td></td><td></td><td></td><td></td><td></td><td></td><td></td><td></td><td></td><td></td><td></td></tr>
<tr><td>45</td><td></td><td></td><td></td><td></td><td></td><td></td><td></td><td></td><td></td><td></td><td></td></tr>
<tr><td>60</td><td></td><td></td><td></td><td></td><td></td><td></td><td></td><td></td><td></td><td></td><td></td></tr>
<tr><td>75</td><td></td><td></td><td></td><td></td><td></td><td></td><td></td><td></td><td></td><td></td><td></td></tr>
<tr><td>90</td><td></td><td></td><td></td><td></td><td></td><td></td><td></td><td></td><td></td><td></td><td></td></tr>
<tr><td>105</td><td></td><td></td><td></td><td></td><td></td><td></td><td></td><td></td><td></td><td></td><td></td></tr>
<tr><td>120</td><td></td><td></td><td></td><td></td><td></td><td></td><td></td><td></td><td></td><td></td><td></td></tr>
<tr><td>135</td><td></td><td></td><td></td><td></td><td></td><td></td><td></td><td></td><td></td><td></td><td></td></tr>
<tr><td>150</td><td></td><td></td><td></td><td></td><td></td><td></td><td></td><td></td><td></td><td></td><td></td></tr>
</table>

续表

<table>
<tr><td>灌封好的中间产品</td><td>悬挂物料状态标示卡，合格者送交下道工序</td><td colspan="3">合格中间品数:______盘
灌封损耗数量:______支
取 样 数 量:______支
不合格品数量:______支
送交:</td></tr>
<tr><td rowspan="4">物料平衡及收率</td><td colspan="2">$\frac{\text{合格中间品量}+\text{损耗量}+\text{不合格量}+\text{取样量}+\text{药液残留量}}{\text{待灌封药液量}}\times100\%$</td><td>物料平衡结果</td><td></td></tr>
<tr><td colspan="2">95% ~ 100%</td><td colspan="2">符合限度 □
不符合限度□</td></tr>
<tr><td colspan="2">$\frac{\text{合格中间品量}\times\text{产品规格}}{\text{待灌封药液量}}\times100\%$</td><td>收率结果</td><td></td></tr>
<tr><td colspan="2">85%～100%</td><td colspan="2">符合限度 □
不符合限度□</td></tr>
<tr><td colspan="5">操作人签名: QA人员签名:
____年____月____日</td></tr>
<tr><td colspan="5">备注:</td></tr>
</table>

任务二　粉针剂生产设备的使用与维护

注射用粉针剂有两种类型，一种是注射用冷冻干燥产品，即将药物溶液分装后通过冷冻干燥法制成固体块状物；另一种是注射用无菌分装产品，采用灭菌溶剂结晶法或喷雾干燥法制得的无菌原料药直接分装密封后的产品。

无菌分装粉针剂生产工艺流程如图11-7所示。

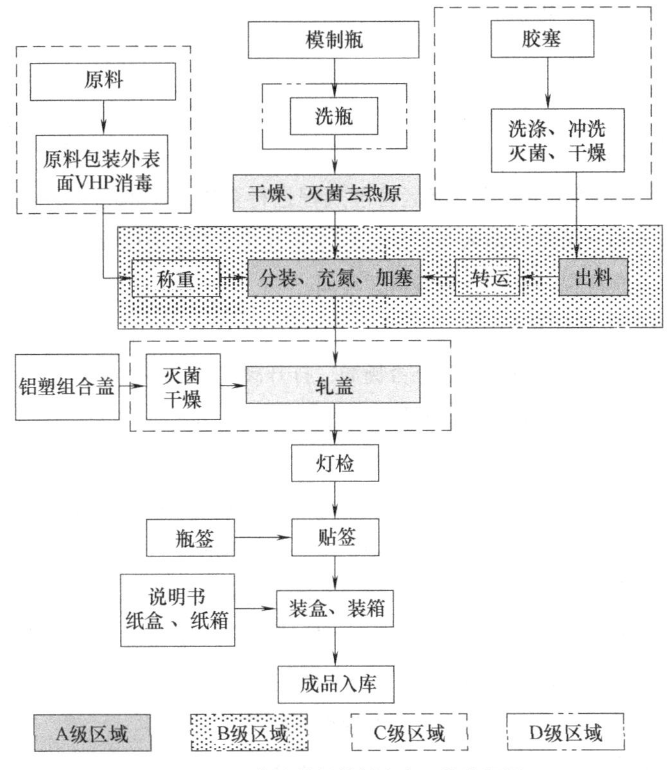

图11-7　无菌分装粉针剂生产工艺流程图

一、认识设备

1. 主要结构

主要由西林瓶洗瓶机、粉针分装设备、粉针轧盖设备等组成。

2. 工作原理

（1）洗瓶：超声波洗瓶机由超声波水池、冲瓶传送装置、冲洗部分和空气吹干等部分组成。工作时空瓶先被浸没在超声波洗瓶池里，经过超声处理，然后再直立地被送入多槽式轨道内，经过一个翻瓶机构将瓶子倒转，瓶口向下倒插在冲瓶器的喷嘴上，由于瓶子是间歇式在冲瓶隧道内向前运动，其间共经过多次气-水交替冲洗，最后再由冲瓶器将瓶翻转到堆瓶台上，送至灭菌烘干机入口处。

（2）烘瓶：湿瓶从一端进入灭菌烘干机内，经过网带缓缓向另一端出口传送，在此期间经过干热空气处理，湿瓶被烘干、灭菌。

（3）分装：常用分装设备有两种，一种为螺杆分装机，另一种为气流分装机。螺杆式分装机的工作原理是利用螺杆间歇旋转，按计量要求将药物定量装入西林瓶。气流分装机利用真空吸取定量容积粉剂，再经过净化干燥压缩空气将粉剂吹入西林瓶中，其装量误差小，速度快，机器性能稳定。

(4) 轧盖：粉针轧盖机按工作部件可分为单刀式和多头式，按轧盖方式可分为挤压式和滚压式，国内常用的是单刀式轧盖机。工作时，盖好胶塞的瓶子由进瓶转盘送入轨道，经过铝盘轨道时铝盖供料振荡器将铝盖放置于瓶口上，由齿板控制的一个齿槽将瓶子送入轧盖头部分，底座将瓶子顶起，由轧盖头带动作高速旋转，由轧盖刀压紧铝盖的下边缘，同时瓶子翻转，将铝盖下缘轧紧于瓶颈上。

二、操作设备

（一）生产前准备

分装岗位人员按照人员出入B级区管理规程进行更衣、手消毒等程序后进入B级洁净区。生产辅助人员和无菌室辅助人员按照无菌室物品出入规程和传递柜使用操作规程将分装生产中使用的无菌原料脱包并传递到原料暂存间。

（二）西林瓶的洗涤和灭菌

(1) 检查纯化水、注射用水管路是否畅通，打开阀门并放水5min。

(2) 洗瓶机按超声波洗瓶机清洁规程进行清洁。

(3) 灭菌干燥机（隧道烘箱）按干燥机（隧道烘箱）清洁规程进行清洁。

(4) 纯化水初级及二级过滤滤芯分别为10μm、5μm，注射用水及压缩空气的初级及二级过滤滤芯分别为1μm、0.22μm，压力均在0.18～0.20MPa。

(5) 检查纯化水、注射用水澄明度，符合规定后，开机进行试车。

(6) 在放水过程中检查注射用水澄明度，如不符合规定立即停车，将水排放一段时间后，再次检查仍不合格，则需更换滤芯，直至检查合格。

(7) 开启洗瓶机，按超声波洗瓶机操作规程开始洗瓶。

(8) 洗瓶过程中，每2小时抽查清洗后的西林瓶，从洗瓶机每个退瓶轨道上取4支已清洗过的西林瓶，加入过滤后的注射用水约2mL，戴上乳胶手套，用手指将瓶口堵住，轻轻翻转检测其澄明度，合格率≥95%为符合要求，并将检查结果记录在检验记录中。如发现澄明度不合格停车找出原因，并采取措施排除原因后重新操作。

(9) 清洗合格的西林瓶，经180℃，90min灭菌后（或进入隧道烘箱，350℃，5min灭菌）输送至分装室。

（三）工作结束

(1) 切断洗瓶机电源开关。

(2) 待隧道网带上的瓶子全部进入无菌室后，关闭隧道烘箱总电源。

(3) 清洁清场。

(4) 清除本批操作中的剩余瓶。

(5) 清除废弃物。

(6) 按超声波洗瓶机清洁规程对洗瓶机进行清洁。

(7) 按洗瓶室清洁规程对洗瓶室进行清洁。

(8) 按隧道烘箱清洁规程对隧道烘箱进行清洁。

(9) 填写清场记录，经QA人员检查员检查合格后，在批生产记录上签字，并发放清场合格证。

(10) 按进出B级洁净区更衣规程离开岗位。

三、标准操作程序（示例）

（一）生产程序

(1) 分装间内的A级层流（包括分装机层流、加粉层流、出瓶层流）在B级洁净区环境大消毒后开启并一直保持开启状态至B级洁净区无菌环境破坏。每天生产前须确认分装间内的温湿度和分装机内部的温湿度符合批生产记录的要求才可生产。若不符合，人员应及时退出分装间并通知工程部人员调节分装间的温湿度。空调运行正常后，等待空调自净30min后人员可再次进入分装间进行操作。

(2) 原料桶称重：批生产前，将需使用的原料桶称重并打印称重记录。批生产后，将本批使用过的原料空桶称重并打印称重记录，称重结果需附在批生产记录中。称重前后，分装岗位人员应按照电子秤操作规程对电子秤进行校正。以上工作在原料暂存间中完成，暂存间中领取原料时需填写物流交接记录。

(3) 将无菌原料从原料暂存间取出，由分装岗位人员转运至分装间，核对品名批号与批记录一致后，使用经无菌过滤的75%酒精消毒原料桶外壁，在加粉层流下拆封，拆封同时检查桶口是否有异物，确认无异物后按照分装机标准操作规程中的加粉步骤进行加粉操作。生产过程中要根据生产排程适量领料，并注意控制原料在车间存放时间，从原料领取到产品入库时间不得超过48h，若生产发生异常，不能继续生产时，分装岗位要及时将未使用原料退出洁净区，并通知辅助人员及时办理退库。

(4) 将适量的胶塞由存胶塞间通过转运推车转运至分装间，在胶塞层流箱的托架上拆除外层塑料袋，外层包装袋拆除后将其立即放置到胶塞层流箱中，关闭胶塞层流箱的门后，操作人员通过手套箱将胶塞内袋用剪刀拆口，打开上胶塞门把胶塞倒入胶塞振荡器中。在存胶塞间中取出胶塞时需填写物料交接记录。

(5) 按照分装机标准操作规程进行设备运行操作。

(6) 生产过程中，原料上料依据分装机人机界面的报警信息“粉位1低液位”，胶塞上料依据分装机人机界面的报警信息“胶塞位1缺少胶塞”。

(7) IPC自动称量装量控制。在分装机界面中设置本批生产的标准装量和松密度，在IPC界面中依据批记录中规定设置装量偏差范围和标准装量。确认设置正确后在IPC界面中选择“自动调节”程序，待装量合格后开始正式生产，正式生产后每半小时选择一次装量“抽样模式”对产品称重，生产结束后在IPC界面中停止并保存本批装量记录。巡线人员在批装量记录保存后，将U盘插入D级洁净区分装机电控柜的USB接口上并通知分装岗位人员将本批装量数据复制至U盘中。

装量记录说明：

① 深色虚影部分：装量超过厂控线，此类产品将被剔除同时设备将报警和停机；

② 浅色虚影部分：装量超过内控线，此类产品不被剔除同时设备将报警；

③ 数据字体暗灰色部分：此类为生产调机数据，不放入正式生产数据的统计；

④ 下划线部分：操作人员依据此数值手动调整过本分装轮的装量。

(8) 手动称量装量控制。手动称量前，按电子天平操作程序对电子天平进行校正，并填写仪器校正记录。按分装机标准操作规程关闭IPC称重系统，在分装机界面中按制造指示书设置本批生产的标准装量和松密度，之后开机检测装量，只有连续4轮（若产品1次分装，则每轮取连续的16瓶检查装量，若产品为2次或3次以上分装，则每轮取连续的8瓶检查装量）装量称量结果都稳定在车间内控范围内且没有偏离趋势时，才可以正式分装生产。正式生产后，每半小时根据各产品分装次数取出相应数量的半成品检查装量，如实填写装量抽查记录，并根据装量称量结果，在AFG“生产菜单”的“充填站”输入活塞角度修正值，及时调整装量。将装量检查的半成品置于废品容器中，做销毁处理。

(9) 工作结束以后，按粉针车间清场规程做好清场工作及设备、环境清洁消毒工作。

（二）器具清洗、组装和灭菌

1. 器具清洗

分装机上需清洗的部件分为4个部分：与原料接触部件、与气体介质接触部件、与胶塞接触部件、模具。

以上各部件由传递窗送出，在器具清洗间中，使用40～60℃的注射用水冲洗，冲洗过程中需确保部件的所有角落都清洗到。清洁标准以无肉眼可见异物为合格标准。

器具清洗有效期：设备清洗结束后一般在8h内灭菌，否则需重新清洗。

2. 器具组装

器具清洗完成后转移到器具灭菌间中，在组装台上进行组装。

3. 分装器具的灭菌消毒方式

分装器具的灭菌消毒方式见表11-1。

表11-1 分装器具的灭菌消毒方式

部件名称	湿热灭菌	干热灭菌
活塞	×	√
定量轮	×	√
装量调节盘	√	×
装量调节块	√	×
搅拌器及配件	√	×
分配器及配件	√	×
输送管（硅胶）	√	×
输送管	×	√
蝶阀控制器	×	×
蝶阀阀门	√	×
上粉部件	√	×
胶塞下料斗	×	√
胶塞振荡斗	×	√
胶塞振荡盘	×	√
胶塞锁	×	√
模具	√	×

4. 器具灭菌时摆放原则

（1）器具摆放时不应叠加放置；

（2）器具摆放时尽量将同一部分的各零部件放置在一起。

5. 灭菌

分装人员确认所有需灭菌的器具都放入灭菌柜后通知无菌室辅助岗位人员分别开启湿热灭菌程序和干热灭菌程序。

6. 器具转运

（1）从B级区取出器具时需提前30min打开灭菌柜出口的A级层流；

（2）使用75%酒精擦拭消毒转运推车和不锈钢密封转运桶，在A级层流下将各部件放入密封转运桶中并在A级层流下盖好桶盖；

（3）将密封转运桶推至分装间加粉层流下方。确认A级层流已打开的情况下，打开密封转运桶盖，将桶内的部件装配至设备上。

（三）操作填写及复核制度

（1）操作人员根据批记录上的要求记录原料批号、产地、湿含量，称好每桶总重、皮重，计算净重并记录。标准装量及其偏差范围由巡线人员计算和填写，分装岗位人员复核。

（2）同一工位的产品装量偏差值较大时需停机查找原因，待影响因素解决后进行100%称重程序直到装量稳定后可恢复生产。对于此时间段内的产品应逐个排查，确保无不合格品流入下一道工序。

（3）操作过程中按实际情况在分装生产记录表上逐项填写生产记录，不得后补记录、提前记录，修改需要签名，必要时注明原因。

（四）人员卫生要求与操作行为规范

（1）B级洁净区操作人员自觉遵守无菌卫生管理制度，严格按规定的要求更衣、消毒后进入无菌室，不得戴首饰、化妆、留长指甲，进入B级洁净区须戴乳胶手套和护目镜。

（2）B级洁净区内不得存放与生产无关的任何私人物品。

（3）操作人员在取放物品后或做好一个动作后，要立即用75%酒精消毒双手，平时每隔半小时用经无菌过滤的75%酒精消毒双手。

（4）胶塞上料过程中，禁止手部直接接触胶塞。若必须时，则应通过使用经湿热灭菌过的工具接触。

（5）人员在对人机界面操作时，禁止使用指尖，应使用指关节进行相关操作。

（6）对于需穿过分装机输送带下面的人员应进行相关培训，确保人员穿过时手部或其他部位不接触地面和设备表面。

（7）进入分装间的人员穿过输送带的次数应有所控制。分装辅助人员除在必要的情况（如：传递原料和胶塞、加粉和胶塞上料等）下穿过分装机输送带外，应尽量减少不必要的穿越次数。分装操作人员也应尽量减少不必要的穿越次数，同时人员穿过输送带时需将输送带上的产品清空。

（8）人员在B级区内尽量小幅度走动，若无必要情况尽量坐着。

（五）半成品质量标准及控制规定

如表11-2所示为半成品质量标准及控制规定。

表11-2　半成品质量标准及控制规定

监控项目	频次	检验标准及检验方法
装量	1次/半小时	至少每半小时选择一次装量抽样模式对产品进行称重，结果需在生产指导书中规定的偏差范围内

（六）技术经济指标的计算

(1) 标准装量（mg）$=\frac{\text{标示量}}{\text{湿含量}}$；

(2) 理论产量（支）$=\frac{\text{实用原料量}}{\text{标准装量}}$；

(3) 分装收率（%）$=\frac{\text{分装产量}}{\text{理论产量}}\times 100\%$。

（七）注意事项

(1) 安全防火及劳动保护

① 生产区内严禁烟火。

② 所有电器及开关要经常检查，防止接触不良和火线接地等短路引起火星，造成触电和着火。

③ 对抗生素有过敏反应的工作人员，应避免在分装岗位，以免发生意外。

④ 对于破瓶、碎玻璃应使用器具清洁，不应使用手部接触以免划伤。

(2) 异常情况的处理及报告

① 若无菌室温湿度和压差值超出标准控制值时须立即停止生产，第一时间通知工程部调整空调，同时应通知QA和巡线人员。等待环境重新建立后经QA人员允许后方可再次生产。

② 操作人员可自行排除一般故障，涉及电气与机械调整时须通知设备维护人员进行维修。

(3) 分装间同时进入人员一般不能多于3人。

(4) 分装岗位在生产中使用的75%酒精或其他消毒剂均应经过无菌过滤且在有效期内。

(5) 生产过程中人员有大幅度操作动作后应退出分装间到无菌外衣间中整理着装并核对是否有头发外露，确认和调整后重新进入分装间。

(6) 只有在IPC称量系统异常或试生产调机时才可关闭IPC自动称量系统；且改用手动称量模式前，须得到生产主管同意，并经过品管部批准后方可执行。

(7) 在手动称量模式下，分装岗位可根据实际情况适当增加抽样频率。

(8) 正常生产过程中如需对分装机层流内区域进行操作（如扶倒瓶、加胶塞等）时，都需通过分装机配套的手套箱进行操作，每天生产前需仔细检查各手套箱手套是否破损，并用75%酒精对手套内外表面进行喷雾消毒。

任务三　注射剂包装设备的使用与维护

通过质量检查合格的注射剂安瓿进入注射剂生产的最后工序，即包装工序，并在该工序完成印字、装盒、加说明书、贴标签等操作。该生产线主要由开盒机（图11-8）、印字机（图11-9）、装盒关盒机、贴签机（图11-10）等单机联动而成。

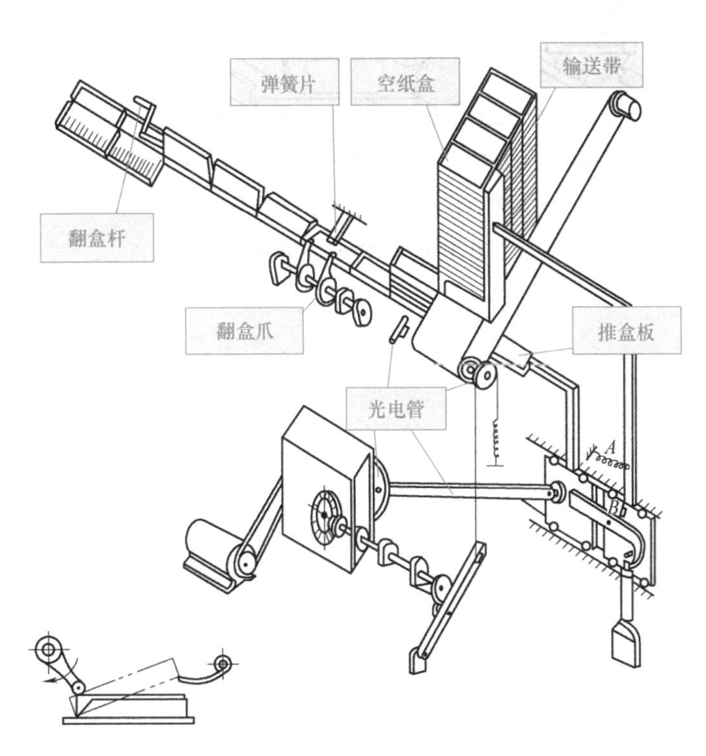

图11-8　安瓿开盒机结构示意图

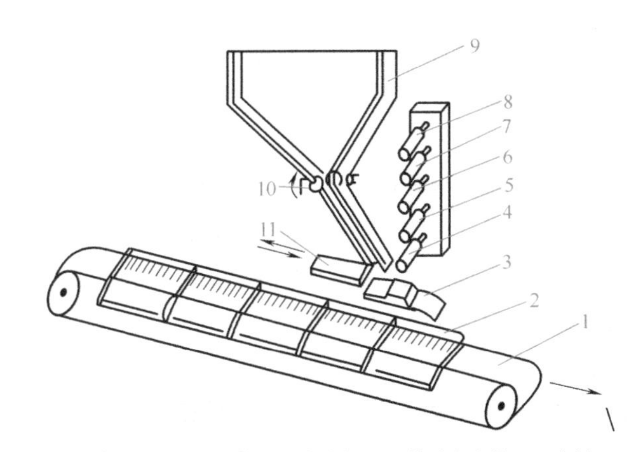

1—纸盒输送带；2—纸盒；3—托瓶板；4—橡胶印字轮；5—字轮；6—上墨轮；7—钢质轮；8—匀墨轮；9—料斗；10—送瓶轮；11—推瓶板

图11-9　印字机结构示意图

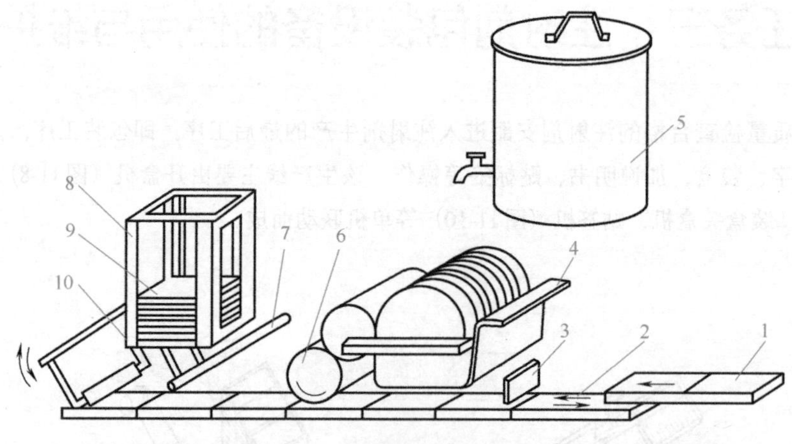

1—纸盒；2—推板；3—挡盒板；4—匀浆搅拌机构；5—黏结剂料桶；6—上浆滚筒；
7—真空吸头；8—标签架；9—标签纸；10—压辊

图11-10　贴签机结构示意图

一、认识设备

（一）主要结构

1.开盒机

主要由翻盒杆、翻盒爪、弹簧片、光电管、输送带和推盒板等组成。

2.印字机

主要由纸盒输送带、托瓶板、橡胶印字轮、字轮、上墨轮、钢质轮、匀墨轮、料斗、送瓶轮和推瓶板等组成。

3.贴标签机

主要由纸盒、推板、挡盒板、匀浆搅拌机构、黏结剂料桶、上浆滚筒、真空吸头、标签架、标签纸、压辊等组成。

（二）工作原理

1.开盒机

翻盒爪旋转、压开盒底、弹簧片挡住盒底，盒底、盒盖张开。翻盒爪与推盒板作同步转动，翻杆逐渐打开纸盒。光电管的作用是监控纸盒的个数并指挥输送带的动作。

2.印字机

安瓿由料斗到托瓶板上。推瓶板将托瓶板上的安瓿推至印字轮下。人工将油墨加在匀墨轮上，经转动的钢质轮、上墨轮、字轮，将正字模印翻印在印字轮上。安瓿被转动着的印字轮压住并同时产生反向滚动，完成安瓿印字。印完字后的安瓿从末端滚入纸盒内。人工整理放上说明书、盖上盒盖由输送带送往贴签机贴签。

3.贴标签机

纸盒在推板作用下由右向左移动。纸盒在上浆滚筒处被涂上黏结剂、继续推至贴签处。真空吸下标签一端，同时由压辊将其压在盒面上。真空消失、纸盒推进、将标签拽出经滚压后贴上标签 。要求：送盒、吸签、压签等动作协调，真空度适当。

二、操作设备

（一）开盒机使用方法

（1）将指定数量的一沓空纸盒以底朝上、盖朝下的方式堆放在输送带上。

（2）输送带作间歇直线运动，带动纸盒向前移动。

（3）光电管自动检查纸盒的个数并指挥输送带和推盒板的动作。推盒板作往复运动，翻盒爪绕轴不停地旋转。

（4）翻开的纸盒由另一条输送带输送至安瓿印字机区域。

（二）印字机的使用方法

（1）在拨瓶轮的协助下，安瓿由安瓿斗进入出瓶轨道，直接落到镶有海绵垫的托瓶板上。

（2）往复运动的推瓶板将安瓿送至印字轮下，转动的印字轮在压住安瓿的同时也使安瓿反向滚动，从而完成印字。

（3）人工将盒中未放整齐的安瓿放好，并在其上放一张说明书，最后盖好盒盖，由输送带送往贴签区域。

（三）贴签机的使用方法

（1）往复推板将工作台上的一串纸盒同时向左移动一个盒长。

（2）大滚筒在胶水槽内回转时，将胶水带起并通过中间滚筒将胶水均匀分布于上浆滚筒表面。

（3）上浆滚筒与其下的纸盒盒盖紧密接触，将胶水滚涂于盒盖表面。

（4）涂胶后纸盒继续左移至压辊下方进行贴签，真空吸头摆至上部将标签架上最下面的一张标签吸住，随后真空吸头向下摆动并将吸住的标签顺势拉下，同时另一个作摆动的压辊从一端将标签压贴在盒盖上。

（5）真空消失，推动纸盒继续向左运动，压辊的压力将标签从标签架拉出并将其滚压平贴于盒盖上。

课堂
笔记

模块评价

一、单项选择题

1. 灭菌好的西林瓶、胶塞应在净化空气保护下存放，存放时间不超过（　　）。

A. 8 小时　　B. 12 小时　　C. 24 小时　　D. 36 小时

2. 输液剂灌装机须加终端过滤器的是（　　）。

A. 流量定时式　　B. 量杯容积式　　C. 计量泵注射式　　D. 恒压灌装机

二、多项选择题

1. 制药用水按用途分为（　　）。

A. 饮用水　　B. 纯化水　　C. 注射用水　　D. 灭菌注射用水

2. 以下哪些是安瓿灌封机的组成部件（　　）。

A. 送瓶机构　　B. 灌装机构　　C. 拉丝封口机构　　D. 超声波清洗部件

3. 目前制药生产中应用广泛的灭菌方法是（　　）。

A. 干热灭菌　　B. 湿热灭菌　　C. 微波灭菌　　D. 辐射灭菌

课堂
笔记

模块五 综合实训与考核

综合实训与考核充分利用实训基地，采用实训操作与考核相结合，综合对学生技能进行评价。同学们应掌握每个岗位的操作规程和技术规范，具备一定的独立工作能力。

考核1 万能粉碎机操作

万能粉碎机操作考核表

班级: 学号: 姓名: 得分:

考核内容	操作要点	总分	得分
生产前准备	1准备工作 1.1检查生产物料，及时贴上标签，以免发生物料混淆。 1.2检查粉碎机主轴螺母、磨齿、筛网、机体各螺母是否紧固，机体内是否有异物。 1.3检查润滑系统，设备运行是否正常。 1.4检查清场合格证，更换状态标示牌：生产中，做好使用记录	10	
标准操作	2操作规程 严格按照万能粉碎机标准操作规程操作。 2.1开机前点动粉碎机，无异常方能开机。 2.2试机正常后，按工艺要求装好相应目数的筛网。 2.2.1糖粉：过100目筛。 2.2.2化学药品：过80 ~ 100目筛。 2.2.3中药干膏：过60目筛。 2.3到称量配料岗位领取待粉碎原辅料，对原辅料进行粉碎，粉碎时应打开吸尘装置。 2.4扎紧出料布袋，先开机，待粉碎机运行正常后再加料，不得超负荷运行。 2.5将已处理好的原辅料扎紧袋口，及时送到制粒岗位	50	

续表

生产后工作	3清场 严格按照万能粉碎机清洁标准操作规程清场。 3.1生产结束后，清洁设备，要求目检无可见污迹和残留物，地面只能用本岗位洁具，生产废弃物送至指定位置。 3.2物料按照车间物料退料规程，退料前班组长检查，统计，填写退料单进行退料。 3.3做好清洁记录，包括工序、清场日期、检查项目、清场人、班组长等，并交QA检查员复查，合格后发清场合格证，更换状态标示牌：已清洁	20	
操作注意点	4注意事项 4.1物料粉碎前必须检查设备，不允许有如铁块、铁钉等杂物混入，避免打坏设备和发生意外事故。 4.2粉碎机启动进入正常运转后，才可加料粉碎。 4.3注意调节料斗闸门开启程度，过大过小均会影响粉碎效果，严重时损坏筛网。 4.4粉碎机没有完全停止不得打开粉碎机腔门	20	

考核2　槽型混合机操作

槽型混合机操作考核表			
班级:	学号:	姓名:	得分:
考核内容	操作要点	总分	得分
生产前准备	1准备工作 1.1检查生产物料，及时贴上标签，以免发生物料混淆。 1.2检查电源、混合室、搅拌桨、手轮等。 1.3检查润滑系统，设备运行是否正常。 1.4检查清场合格证，更换状态标示牌：生产中，做好使用记录	10	
标准操作	2操作规程 严格按照槽型混合机标准操作规程操作。 2.1打开槽型混合机的盖板，先将粉料倒入混合桶内，再将浆料倒入混合桶内，盖上盖板。 2.2按【启动】按钮，进行混合，根据工艺要求，设定相应的搅拌时间，进行正转、反转混合。 2.3搅拌结束,按【停止】按钮，搅拌桨停止转动。 2.4打开盖板，按【下行】按钮将槽式料桶倾斜，将混合好的软材倒入周转桶内。 2.5全部倾倒出后，将料桶复原	50	
生产后工作	3清场 严格按照槽型混合机清洁标准操作规程清场。 3.1生产结束后，清洁设备，要求目检无可见污迹和残留物，地面只能用本岗位洁具，生产废弃物送至指定位置。 3.2物料按照车间物料退料规程，退料前班组长检查，统计，填写退料单进行退料。 3.3做好清洁记录，包括工序、清场日期、检查项目、清场人、班组长等，并交QA检查员复查，合格后发清场合格证，更换状态标示牌：已清洁	20	
操作注意点	4注意事项 4.1使用前应进行一次空运转试车，在试车前应先检查槽型混合机全部连接件的坚固程度，减速器内的润滑油油量和电器设备的完整性。 4.2空运转试车要求逐项试验。在未发现不正常的响声、轴承突发高热、减速器温度直升等不良现象的情况下，才可投入生产。 4.3在运转中槽壁粘贴物料时，应用工具，切不可用手，以免造成伤手事故。 4.4在槽型混合机使用中如发现机器振动异常，应立即停车检查	20	

课堂笔记

考核3　振荡筛操作

振荡筛操作考核表			
班级:	学号:	姓名:	得分:
考核内容	操作要点	总分	得分
生产前准备	1准备工作 1.1检查生产物料，及时贴上标签，以免发生物料混淆。 1.2打开振荡筛的手柄，取出振荡筛的上壳体，查看筛网型号，如果和生产工艺要求不符合，则需要根据要求，调换正确筛网。 1.3更换筛网，装上振荡筛上壳体，关好振荡筛的手柄。 1.4在生产记录上，及时填写筛网的规格。 1.5检查清场合格证，更换状态标示牌：生产中，做好使用记录	10	
标准操作	2操作规程 严格按照振荡筛标准操作规程操作。 2.1接通振荡筛电源，打开启动开关，振荡筛空机运转，检查是否正常。 2.2在出料口准备好接料桶。 2.3启动振荡筛，将物料倒入进行筛分。 2.4筛分结束后，关闭振荡筛。 2.5筛分后的物料，分别收集粗料、细料。 2.6对于粗料进行再次粉碎、过筛	50	
生产后工作	3清场 严格按照振荡筛清洁标准操作规程清场。 3.1生产结束后，清洁设备，要求目检无可见污迹和残留物，地面只能用本岗位洁具，生产废弃物送至指定位置。 3.2物料按照车间物料退料规程，退料前班组长检查，统计，填写退料单进行退料。 3.3做好清洁记录，包括工序、清场日期、检查项目、清场人、班组长等，并交QA检查员复查，合格后发清场合格证，更换状态标示牌：已清洁	20	
操作注意点	4注意事项 4.1启动振荡筛前，应检查周围是否有妨碍筛分机运转的障碍物，各处连接螺栓是否紧固，尤其是振动电机、支承座、筛板。 4.2检查两台振动电机的转向是否相反，如转向相同，应变更一台电机的电源接线，使两台振动电机的转向相反。 4.3振荡筛运转时，先空载启动、运行、停车，观察有无异常现象及声响，空运转时应平稳正常。 4.4连续空运转4h后，测量轴承温度，轴承温度不得超过75℃，并将各部位螺栓重新紧固一次	20	

课堂
笔记

考核4　厢式干燥器操作

厢式干燥器操作考核表			
班级: 学号: 姓名: 得分:			
考核内容	操作要点	总分	得分
生产前准备	1准备工作 1.1检查生产物料，及时贴上标签，以免发生物料混淆。 1.2检查电源、推车、烘盘和鼓风机等。设置干燥的温度和风机参数。 1.3检查清场合格证，更换状态标示牌：生产中，做好使用记录	10	
标准操作	2操作规程 严格按照厢式干燥器标准操作规程操作。 2.1首先由上至下，将烘盘依次拿出。取出后，依次在烘盘上铺上需要干燥的湿颗粒。 2.2全部烘盘铺上颗粒后，依次将烘盘送入烘箱内，关上烘箱门。 2.3开启电源，选择电加热，根据工艺的要求，选择控制温度和起始温度。 2.4开启风机，扳动烘箱门上的排气阀把手，将湿热空气排出。湿热空气排出后，关闭排气阀把手。 2.5在烘干过程中，需要定时翻料。翻料时，打开烘箱门，翻料。结束后，关上烘箱门，继续进行物料干燥。 2.6待物料烘干时间到后，依次关闭电加热、风机，打开烘箱门，拖出烘盘，待物料冷却后，收集物料，进入下一步生产。 2.7生产结束后，及时填写相应的生产记录，并由QA人员复核签字	50	
生产后工作	3清场 严格按照厢式干燥器清洁标准操作规程清场。 3.1生产结束后，清洁设备，要求目检无可见污迹和残留物，地面只能用本岗位洁具，生产废弃物送至指定位置。 3.2物料按照车间物料退料规程，退料前班组长检查，统计，填写退料单进行退料。 3.3做好清洁记录，包括工序、清场日期、检查项目、清场人、班组长等，并交QA检查员复查，合格后发清场合格证，更换状态标示牌：已清洁	20	
操作注意点	4注意事项 4.1接上电源后，开启加热开关，先开启鼓风机，使鼓风机工作，再调节控制仪表的按键设置工艺要求的温度。 4.2当温度升至所需的温度时，指示灯灭。在恒温过程中，借助箱内控温器自动控温。 4.3厢式干燥器应放在室内水平处	20	

课堂
笔记

考核5 摇摆式颗粒机操作

摇摆式颗粒机操作考核表

班级: 学号: 姓名: 得分:

考核内容	操作要点	总分	得分
生产前准备	1准备工作 1.1检查生产物料，及时贴上标签，以免发生物料混淆。 1.2 打开限位卡，旋转滤网安装柱，抽出滤网安装柱，检查滤网是否完整，是否符合生产工艺要求，如不符合，则需及时更换。 1.3 检查完毕后，将滤网复位，装上安装柱并旋转，调节滤网的松紧程度，然后卡住上限位卡，安装完毕。 1.4 检查清场合格证，更换状态标示牌：生产中，做好使用记录	10	
标准操作	2操作规程 严格按照摇摆式颗粒机标准操作规程操作。 2.1打开摇摆式颗粒机【启动】按钮，进行空机运转，检查设备是否正常，当设备处于正常状态时，即可进行生产。 2.2检查完毕后，在出料口放置接料桶，做好接料准备。 2.3将软材加入加料斗中，打开【启动】按钮，进行制粒。 2.4当生产结束后，按【停止】按钮，关闭设备。 2.5生产结束后，及时填写相应的生产记录，并由QA人员复核签字	50	
生产后工作	3清场 严格按照摇摆式颗粒机清洁标准操作规程清场。 3.1生产结束后，清洁设备，要求目检无可见污迹和残留物，地面只能用本岗位洁具，生产废弃物送至指定位置。 3.2物料按照车间物料退料规程，退料前班组长检查，统计，填写退料单进行退料。 3.3做好清洁记录，包括工序、清场日期、检查项目、清场人、班组长等，并交QA检查员复查，合格后发清场合格证，更换状态标示牌：已清洁	20	
操作注意点	4注意事项 4.1使用前检查各部位螺栓是否紧固。 4.2检查摇摆式制粒机易损件磨损情况，避免设备突发故障。 4.3检查摇摆式制粒机是否漏油。 4.4颗粒出现异常，立即停机，及时更换筛网	20	

课堂笔记

考核6　胶囊填充机操作

胶囊填充机操作考核表			
班级: 学号: 姓名: 得分:			
考核内容	操作要点	总分	得分
生产前准备	1 准备工作 1.1 检查生产物料，及时贴上标签，以免发生物料混淆。 1.2 调节胶囊填充机填充杆。 1.3 检查填充杆组件，旋转紧固旋钮，旋钮松开。 1.4 调节大螺杆（或螺杆头），将整个填充杆、夹持器上下调节，到15mm刻度。 1.5 反转旋钮旋紧固定，同样调节第二组模块。 1.6 检查清场合格证，更换状态标示牌：生产中，做好使用记录	10	
标准操作	2 操作规程 严格按照胶囊填充机标准操作规程操作。 2.1 向胶囊填充机分别加入颗粒物料和空胶囊。 2.2 点击控制面板，进入【操作信息】—【设置参数】—【批号】，输入批号。 2.3 返回【主界面】，设置转速，范围为256～400粒/min。 2.4 进入【方式选择】，设为【连续】、【自动加料】。 2.5 当出现提示后，进入操作面板，点击【停止】。 2.6 点击控制面板，进入【主界面】，提高转速。 2.7 返回【主界面】，点击【主启动】，开始生产。 2.8 在胶囊生产过程中，定期检测均匀度和胶囊装量。 2.9 生产完毕后，点击操作面板，停止胶囊填充机运转。 2.10 点击【主界面】抛光机，抛光机启动。 2.11 点击【主界面】胶囊桶，向抛光机内倒入胶囊，进行胶囊外观的粉尘清理。 2.12 粉尘清理完毕后，再次点击抛光机，抛光机关闭。 2.13 生产结束后，及时填写生产记录	50	
生产后工作	3 清场 严格按照胶囊填充机清洁标准操作规程清场。 3.1 生产结束后，清洁设备，要求目检无可见污迹和残留物，地面只能用本岗位洁具，生产废弃物送至指定位置。 3.2 物料按照车间物料退料规程，退料前班组长检查，统计，填写退料单进行退料。 3.3 做好清洁记录，包括工序、清场日期、检查项目、清场人、班组长等，并交QA检查员复查，合格后发清场合格证，更换状态标示牌：已清洁	20	
操作注意点	4 注意事项 4.1 定期检查各部位螺钉的紧固情况，若有松动，应及时拧紧，避免故障和损坏。 4.2 电器外壳和机身必须接地，确保安全，工作完毕切断电源。 4.3 生产结束后及时清理机器上和模孔内残留药物，保持整机干净、卫生，禁止用水冲洗主机。机器上模具如需清洗，可卸下固定螺钉，取下清洗	20	

课堂笔记

考核7　单冲压片机操作

单冲压片机操作考核表

班级:　　　　　学号:　　　　　姓名:　　　　　得分:

考核内容	操作要点	总分	得分
基本构造	1组成 转动轮、饲料靴、冲模（上冲、下冲、模圈）、调节器（片重调节器、出片调节器、压力调节器）、加料斗、手轮、偏心轮、电机等	10	
安装操作	2操作规程 严格按照单冲压片机标准安装操作规程操作。 2.1零部件擦拭干净，固定螺钉对准下冲缺口，固定下冲。 2.2在冲模平台固定模圈，调节出片调节器和片重调节器。 2.3安装上冲，垫一块白色纸板，防止上冲脱落，固定上冲。 2.4转动手轮使上冲下降，下冲上升，上下冲出入模孔无阻碍时，固定模台。 2.5调节片重调节器和出片调节器，压片合格后，安装饲料靴和加料斗	50	
生产后工作	3清场 严格按照单冲压片机清洁标准操作规程清场。 3.1生产结束后，清洁设备，要求目检无可见污迹和残留物，地面只能用本岗位洁具，生产废弃物送至指定位置。 3.2物料按照车间物料退料规程，退料前班组长检查，统计，填写退料单进行 退料。 3.3做好清洁记录，包括工序、清场日期、检查项目、清场人、班组长等，并交QA检查员复查，合格后发清场合格证，更换状态标示牌：已清洁	20	
操作注意点	4注意事项 4.1压片时应规范运用压力调节器调节硬度。 4.2手轮必须按箭头指示方向转动。 4.3上、下冲及模圈使用后及时拆下，清洁后放防锈油中保存。 4.4拆卸顺序与安装顺序相反。 4.5正式压片过程中，每两小时检查一次外观和片重	20	

课堂
笔记

考核8　旋转式多冲压片机操作

旋转式多冲压片机操作考核表			
班级: 学号: 姓名: 得分:			
考核内容	操作要点	总分	得分
基本结构	1组成 包括动力及传动部分、加料部分、压制部分（转盘，冲模，上下冲的导轨装置，压力调节装置，填充调节装置）、吸粉部分四个部分	10	
安装操作	2安装操作 严格按照旋转式多冲压片机标准安装操作规程安装。 2.1安装中模圈：使用内六角扳手，松开中模圈固定螺钉，将中模圈装入模圈孔内，用内六角扳手旋紧固定螺钉。重复以上操作，直至所有中模圈装入模圈孔内。 2.2安装上冲头：将上冲头移动到安装孔正上方，垂直向下移入安装孔内，摇动手轮，冲盘体旋转一下，则一个上冲头安装完毕，重复以上操作，直至所有上冲头安装完毕。 2.3安装下冲头：打开压片机的侧门，旋松下轨道固定块上螺钉，移出固定块，将下冲头移动至安装孔下方，垂直向上移入安装孔内，摇动手轮，冲盘体旋转，将刚安装的下冲头旋入轨道，腾出安装孔。重复以上操作，直至所有下冲头安装完毕。当所有的下冲头安装完毕后，将固定块移回，旋紧下轨道固定块上的螺钉。 2.4安装加料器：将电机连接手柄向下移动，腾出安装位，将加料器平移至安装位置，使电机连接手柄向上移动，固定加料器。分别将左边、右边的紧固手柄卡紧，关闭排料孔。 2.5安装下料斗、导片槽和除粉筛：依次将下料斗、导片槽、除粉筛，安装到位	40	
标准操作	3操作规程 严格按照旋转式多冲压片机标准操作规程操作。 3.1向加料斗中加入需要进行生产的颗粒物料。 3.2打开左下侧门，摇动手动盘车，使设备逐格运转，生产药片，抽取药片进行质量检查，片重要求符合工艺要求。 3.3调节填充手轮，增加中模圈填充量，使片重达到生产工艺要求。再次摇动手动盘车，生产药片，抽取药片进行质量检查，片重要求符合工艺要求。 3.4调节下预压手轮，再次摇动手动盘车，生产药片，抽取药片进行质量检查，片重要求符合工艺要求。 3.5调节主压力手轮，增大压力，再次摇动手动盘车，生产药片，抽取药片进行质量检查，片重要求符合工艺要求。 3.6调试完成后，点击控制面板，选择【启动】按钮进行自动生产。 3.7每隔15～20min，取20片药片，检查片重情况。 3.8生产结束后，及时填写相应的生产记录，并由QA人员复核签字	30	

续表

生产后操作	4清场 严格按照旋转式多冲压片机清洁标准操作规程清场。 4.1生产结束后，清洁设备，要求目检无可见污迹和残留物，地面只能用本岗位洁具，生产废弃物送至指定位置。 4.2物料按照车间物料退料规程，退料前班组长检查，统计，填写退料单进行退料。 4.3做好清洁记录，包括工序、清场日期、检查项目、清场人、班组长等，并交QA检查员复查，合格后发清场合格证，更换状态标示牌：已清洁	10	
操作注意点	5注意事项 5.1机器设备上的防护罩、安全盖等装置使用时不准拆除。 5.2冲模需经严格检查，要求无裂缝、变形、缺边和尺码准确，如不合格的切勿使用，以免机器遭受严重损坏。 5.3严格控制细粉量，细粉过多易使下冲漏料，导致设备磨损、黏冲和原料损耗。 5.4运转中如有跳片或停滞不下，切不可用手去取，以免造成伤手事故。 5.5开车应先开电动机，待运转正常后，再开动离合器。 5.6使用过程中如发现机器振动异常或发出不正常响声，应立即启动紧急按钮，停车检查	10	

考核9　安瓿灌封机操作

安瓿灌封机操作考核表			
班级: 学号: 姓名: 得分:			
考核内容	操作要点	总分	得分
生产前准备	1准备工作 1.1启动前，对所有需要润滑的部件加注润滑油。 1.2检查燃气、保护气体管路、电路连接是否符合要求。 1.3检查灌装泵是否符合要求。 1.4转动手轮使机器运行1～3个循环，检查是否有卡滞现象。 1.5检查清场合格证，更换状态标示牌：生产中，做好使用记录	10	
标准操作	2操作规程 严格按照安瓿灌封机标准操作规程操作。 2.1打开电控柜，将断路器全部合上，关闭柜门，启动电源。 2.2启动层流电机。 2.3在操作面上按启动按钮，旋转调速旋钮，开动主机，由慢速逐渐调向高速，检查是否正常，然后关闭主机。 2.4手动操作将灌装管路充满药液，排空管内空气。 2.5开动主机运行在设定速度试灌装，监测装量，调节装量调节装置，使装量在标准范围，然后停机。 2.6在操作画面按抽风（燃气）启动按钮。 2.7在操作画面按氧气启动按钮。 2.8点燃各火嘴，调节流量计开关，使火焰达到设定状态。 2.9按下转瓶按钮。 2.10开动主机至设定速度，按制动按钮，进几组瓶后按制动按钮，停止进瓶，看灌装拉丝效果，将火焰调至最佳，按制动按钮进瓶开始正式生产。 2.11生产结束停机，关闭氧气、燃气、保护气体、压缩空气总阀门	50	
生产后工作	3清场 严格按照安瓿灌封机清洁标准操作规程清场。 3.1生产结束后，清洁设备，要求目检无可见污迹和残留物，地面只能用本岗位洁具，生产废弃物送至指定位置。 3.2物料按照车间物料退料规程，退料前班组长检查，统计，填写退料单进行退料。 3.3做好清洁记录，包括工序、清场日期、检查项目、清场人、班组长等，并交QA检查员复查，合格后发清场合格证，更换状态标示牌：已清洁	20	
操作注意点	4注意事项 4.1中途停机时先按制动按钮，待瓶走完后方可停机，以免浪费药液和包材。 4.2总停机时先按氧气停止按钮，火焰变色后再按抽风（燃气）停止按钮，转瓶停止按钮，之后按层流停止按钮，最后关闭总电源。 4.3如果总停间隔时间不长，可让层流风机一直处于开机状态，以保护未灌装的空瓶和药液	20	

考核10　手提式热压灭菌器操作

手提式热压灭菌器操作考核表

班级:　　　　学号:　　　　姓名:　　　　得分:

考核内容	操作要点	总分	得分
基本构造	1组成 放气阀门、安全阀门、锅盖、内桶、方管、锅身、放气软管、压力表、手柄、固定螺钉	10	
标准操作	2操作规程 严格按照手提式热压灭菌器标准操作规程操作。 2.1在锅内放足量的水，物品放入锅内铝桶中。 2.2把放气软管插到铝桶内壁方管中，旋紧螺钉。 2.3加热时，当压力表开始移动时，打开放气阀门数分钟，待冷空气排尽后再关闭。 2.4开始计算时间，时间到，停止加热。 2.5当压力为0时，开启放气阀门，将锅内蒸汽放出，缓缓打开锅盖，取出物品	50	
生产后工作	3清场 严格按照手提式热压灭菌器清洁标准操作规程清场。 3.1生产结束后，清洁设备，要求目检无可见污迹和残留物，地面只能用本岗位洁具，生产废弃物送至指定位置。 3.2物料按照车间物料退料规程，退料前班组长检查，统计，填写退料单进行退料。 3.3做好清洁记录，包括工序、清场日期、检查项目、清场人、班组长等，并交QA检查员复查，合格后发清场合格证，更换状态标示牌：已清洁	20	
操作注意点	4注意事项 4.1开始使用前初检设备。 4.2每次灭菌后要续水至1/3处。 4.3使用结束后，趁热放掉锅内余水。 4.4打开锅盖的时间一般是15 ～ 40min。 4.5打开锅盖时，不能对人。 4.6冷却时根据灭菌物不同选择不同的处理方法	20	

课堂
笔记

附录

常用中英文对照表

一、空气净化系统

preparation machinery 制剂设备
atmospheric purification 空气净化
air handling 空气处理
heating 采暖
cooling 冷却
climate control 空气控制
chillers 冷水（热泵）机组
air-cooled chillers 风冷式冷水机组
heat pumps 热泵
air curtain 空气帘
dehumidifier 除湿机
hvac (heating, ventilation, air condition) 暖通和空调系统
laminar airflow system 层流气流系统
nitrogen plant 制氮装置

二、制水设备

potable-water 饮用水
purified water 纯化水
water for injection 注射用水
sterile water for injection 灭菌注射用水
water processing equipments 水处理设备
cartridge filters 筒式过滤器
demineralization plant 脱盐设备
submersible pump 潜水泵
UF（Ultra-Filtration）water plant 超滤装置
water softener plant 软化水装置
boiler 锅炉
cold storage 冷藏库
reverse osmosis 反渗透
liquid storage tank 储液槽
pharmaceutical water supply equipment 医药水处理设备
membrane filter system 膜过滤系统
vertical autoclave 立式蒸压釜
distilled water still 蒸馏水蒸馏釜
WFI vessel 注射用水容器
multi column distillation plant 多塔蒸馏装置

三、反应设备

pharmaceutical vessels 制药工业用容器
storage vessel 存储容器
homogenizer 均化器
magnetic stirring vessel 磁力搅拌器
vacuum pump 真空泵
vibro shifter pharmaceutical mixer 制药工业用混合器
peristaltic pump 蠕动泵
pH meter pH 计
pharmaceutical separator 药剂分离器

四、散剂生产设备

pulverizer 粉碎机
comminuting machine 粉碎机
drying machinery 干燥机
mixer / calibrator 混合机
colloid mill 胶体磨
cone blender 圆锥型混合机
drum mixer 鼓式混合机
fluid bed dryer 流化床干燥机
planetary mixer 行星搅拌机
pressure vessel 压力容器
filling vessel 灌装容器

五、颗粒剂生产设备

granulator 制粒机
rapid mixer granulator 快速混合制粒机

pharmaceutical granulators 制药工业用造粒机
pelletizer 制粒机
rapid mixer granulator 快速搅拌造粒机
spheroidizer 球化剂
spray Granulator 喷雾制粒机
spraying dryer 喷雾干燥器
atomizer 雾化器，喷雾器
drying chamber 干燥室

六、胶囊剂生产设备

capsule 胶囊
manual capsule filling machine 手动胶囊填充机
automatic capsule printing machine 自动胶囊印字机
automatic capsule loading machine 自动胶囊上料机
capsule inspection & polishing machine 胶囊检查与抛光机
blister packaging machine 泡罩包装机
capsule filling machine 胶囊填充机
capsule counters 胶囊数粒机

七、片剂生产设备

tablet 片剂
tablet press machine 压片机
tablet filling section 充填机械
spray coating machine 喷雾包衣机
rotary tablet press 旋转式压片机
tablet counting machine 数片机
tablet polishing machine 片剂抛光机
coater/ coating machine 包衣机
rotary tablet press 旋转式压片机
tablet deduster 药片除尘器
tablet dust extractor 药片除尘器
tablet punching machine 冲片机
powder filling machine 粉末充填机
syringe filling machine 注射式灌装机
tube filling machine 软管充填机
tablet counters 数片机
automatic tablet counting machine 自动数片机
disintegration tester 崩解测试仪
tablet dissolution tester 片剂溶出度测试仪
tablet hardness tester (automatic) 片剂硬度测试仪（自动）
tablet friability tester 片剂磨损度测试仪
coating pan 包衣盘
spray coating machine 喷雾包衣机
sugar coating machine 糖衣机
laboratory & quality control equipment 实验室和质量控制设备
dissolution rate test apparatus 溶出度试验仪
tablet disintegration machine 片剂崩解仪

八、口服液灌装设备

liquid filling machinery 液体灌装机
liquid section 液体机械
manufacturing vessels/homogenizer 均化器
stirrer 搅拌器
twin head volumetric filling machine 双头容积式灌装机
filter press 压滤机
colloid mill 胶体磨
sugar syrup manufacturing tank 糖浆制造槽（罐）
high speed automatic double head 高速自动双头
triple head container filling machine 三头灌装机
vial filling machine 小瓶灌装机
volumetric filling machine 容积式灌装机
leak test apparatus 泄漏测试仪
liquid section 液体机械
liquid manufacturing vessel 液体制造容器

九、无菌制剂生产设备

pharmaceutical washing machines 制药工业用清洗机
ampoule washing machine 安瓿清洗机
bottle washing machine 洗瓶机
bung washing machine 塞子清洗机
vial washing machine 小瓶清洗机
pharma accessories 制药工业用附件
diaphragm valve 隔膜阀

syringe assembling machine 注射机械
ampoule filling machine 安瓿填充机
volumetric vial washing machine 小瓶清洗机
sterilizing tunnel 灭菌隧道
sterile garment cabinet 无菌衣柜
steam sterilizer 蒸汽消毒器
dry heat sterilizer 干热消毒器
ETO sterilizer 环氧乙烷消毒器
Injection section 注射机械
Injectables section 注射设备
dry heat sterilizer 干热消毒器
rubber bung washing machine 胶塞清洗机
freeze drying machine 冻干机
rotary bottle washing machine 旋转式洗瓶机
Sterilizers 消毒器
CIP system (cleaning in place) CIP系统(原位清洗系统)
SIP system (sanitizing in place) SIP系统(原位消毒系统)

十、包装设备

pharmaceutical packaging machines 医药包装机械
filling and sealing machine 填充和封口机
packing machine 包装机械
double cone blender 双锥鼓式搅拌机
mechanical shifter 机械位移（传感）器
automatic tablet printing machine 自动药片印字机
strip packing machine 自动包装机
Labeling 标签机
cartoning machine 纸盒成型机/装盒机
capsule counting and packing machine 胶囊数粒包装机
bottle capping machine 瓶子封盖机
automatic bottle 自动瓶
container capping machine 容器压盖机
high speed automatic bottle filling & cap sealing machine 高速自动装瓶压盖封口机
turn table 回转台
ampoule labeling machine 安瓿瓶贴标机
automatic vial filling machine 全自动小瓶灌装机
automatic vial capping machine 全自动小瓶压盖机
pharmaceutical sealing machines 制药工业用封口机
ampoule sealing machine 安瓿封口机
bottle sealing machine 封瓶机
tube sealing machine 封管机
automatic labeling 自动贴标
gumming 上胶
stikering machine 贴膜机
blister packaging machine 泡罩包装机
bottle labeling machine 瓶子贴标机
box strapping machine 打包机
capsule printing machine 胶囊印字机
carton sealing machine 封箱机
cartoners 纸板包装机
conveyor belt 输送带
hand pallet truck 手动液压托盘车
sealer 封切机
label coding machine 标签编码器
overwrapping machine 热封机
paper folding machine 折纸机
shrink wrapping machine 收缩包装机
vial labeling machine 小瓶贴标机
pharmaceutical Inspection machines 制药工业用检验设备
bottle Inspection machine 验瓶机
capsule Inspection machine 胶囊检验机
tablet Inspection machine 药片检验机
vial Inspection machine 小瓶检验机
ropp cap sealing machine ropp（卷装式防盗）封口机
vial cap sealing machine 小瓶封盖机
electronic counters 电子计数器

模块评价答案

模块一

一、1. B　2. C　3. C　4. B

5. C　6. D　7. B　8. B

二、1. ABCD　2. ABCD

模块二

一、1. D　2. C　3. D　4. D

二、1. ABCD　2. ABCD　3. ABC

模块三

一、1. B　2. B　3. C　4. D　5. D

二、1. ABCD　2. ABCD　3. ABC　4. ACD

模块四

一、1. A　2. C

二、1. ABCD　2. ABC　3. AB

参考文献

[1] 何思煌，罗文华.GMP实务教程[M].3版.北京：中国医药科技出版社，2017.

[2] 万春燕.药品生产质量管理规范(GMP)2010年版教程[M].北京：化学工业出版社，2012.

[3] 郑一美.药品质量管理技术——GMP(2010年版)教程[M].北京：化学工业出版社，2012.

[4] 国家食品药品监督管理认证管理中心.药品GMP指南[M].北京：中国医药科技出版社，2011.

[5] 蔡凤，解彦刚.制药设备及技术[M].北京：化学工业出版社，2020.

[6] 邓才彬.制药设备与工艺[M].北京：高等教育出版社，2016.

[7] 陆丹玉，封家福.药物制剂技术[M].南京：江苏凤凰科学技术出版社，2018.

[8] 杨宗发，董天梅.药物制剂设备[M].北京：中国医药科技出版社，2017.

[9] 杨宗发.药物制剂设备[M].北京：人民军医出版社，2010.

[10] 许彦春，严永江.制药设备及其运行维护[M].北京： 中国轻工业出版社，2013.

[11] 王志祥.制药工程原理与设备[M].北京：人民卫生出版社，2011.

[12] 李亚琴，周建平.药物制剂工程[M].北京：化学工业出版社，2008.

[13] 江丰.制剂技术与设备[M].北京：人民卫生出版社，2006.

[14] 江丰.常用制剂技术与设备[M].北京：人民卫生出版社，2008.

[15] 杨成德.制药设备使用与维护[M].北京：化学工业出版社，2019.

[16] 马义岭，郭永学.制药设备与工艺验证[M].北京：化学工业出版社，2020.